# も く じ

## 6 大地のつくりと変化

| 47 | 地層と大地のつくり① | /40 | 48 | 地層と大地のつくり② | /40 |
|---|---|---|---|---|---|
| 49 | 地層と大地のつくり③ | /40 | 50 | 地層と大地のつくり④ | /40 |
| 51 | 大地の変化① | /40 | 52 | 大地の変化② | /40 |
| 53 | 大地の変化③ | /40 | 54 | 大地の変化④ | /40 |

## 7 生物とかん境

| 55 | 生物と食べ物のつながり① | /40 | 56 | 生物と食べ物のつながり② | /40 |
|---|---|---|---|---|---|
| 57 | 生物と食べ物のつながり③ | /40 | 58 | 生物と食べ物のつながり④ | /40 |
| 59 | 生物と水や空気などのかん境① | /40 | 60 | 生物と水や空気などのかん境② | /40 |
| 61 | 生物と水や空気などのかん境③ | /40 | 62 | 生物と水や空気などのかん境④ | /40 |
| 63 | 人とかん境① | /40 | 64 | 人とかん境② | /40 |

## 8 電気の利用

| 65 | 電気をつくる・ためる① | /40 | 66 | 電気をつくる・ためる② | /40 |
|---|---|---|---|---|---|
| 67 | 電気をつくる・ためる③ | /40 | 68 | 電気をつくる・ためる④ | /40 |
| 69 | 電流による発熱と電気の変かん① | /40 | 70 | 電流による発熱と電気の変かん② | /40 |
| 71 | 電流による発熱と電気の変かん③ | /40 | 72 | 電流による発熱と電気の変かん④ | /40 |

## 9 てこのはたらき

| 73 | 棒を使ったてこ① | /40 | 74 | 棒を使ったてこ② | /40 |
|---|---|---|---|---|---|
| 75 | 棒を使ったてこ③ | /40 | 76 | 棒を使ったてこ④ | /40 |
| 77 | てこのつり合い① | /40 | 78 | てこのつり合い② | /40 |
| 79 | てこのつり合い③ | /40 | 80 | てこのつり合い④ | /40 |
| 81 | てこを利用した道具① | /40 | 82 | てこを利用した道具② | /40 |

## 10 実験器具の使い方

| 83 | けんび鏡の使い方 | /40 | 84 | ガスバーナーの使い方 | /40 |
|---|---|---|---|---|---|

# 1 ものが燃えるとき①

❀　びんの中でろうそくを燃やす実験をしました。次の(　　)に
あてはまる言葉を□から選びかきましょう。　　　　　(各8点)

(1)　びんにふたをかぶせます。

　　びんの中の空気は、入れ(①　　　　　　)

ので、ろうそくの火は(②　　　　　　　)。

ふた

ねん土

> かわらない　　消えます

(2)　ふたをしないとき、びんの中の空気は、

入れ(①　　　　　　)ので、ろうそくの火は

(②　　　　　　　)。

　　びんの中でろうそくの火が燃え続けるに

は、新しい(③　　　　　)が必要です。

空気の
流れ

ねん土

> 空気　　かわる　　燃え続けます

月　日

点/40点

✿　図のように、びんの中でろうそくを燃やしました。次の（　　　）にあてはまる言葉を□から選びかきましょう。(各8点)

(1)　燃やす前の空気は、約79％の（①　　　　　）と、約21％の（②　　　　　）そしてわずかな（③　　　　　）などが混じり合ってできています。

ちっ素　　酸素　　二酸化炭素

| （燃やす前） | | 二酸化炭素 |
|---|---|---|
| ちっ素 約79% | 酸素 | |
| | 21% | |
| （燃やしたあと） | | |
| | | |

(2)　ろうそくが燃えると空気中の（①　　　　　　）が使われて、（②　　　　　　）ができます。

酸素　　二酸化炭素

空気

水

# 3 ものが燃えるとき③

❀　次の文は、気体検知管についてかいたものです。（　　）にあてはまる言葉を □ から選びかきましょう。　（各5点）

気体検知管

 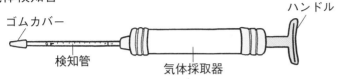 

(1)　（① 　　　　　　　）を使うと、（② 　　　　　　　）にふくまれる酸素や（③ 　　　　　　　）の（④ 　　　　　　　）を調べることができます。

| 二酸化炭素 | 割合 | 気体検知管 | 空気中 |
|---|---|---|---|

(2)　検知管の（① 　　　　　　　）を（② 　　　　　　　）で折り、ゴムカバーをつけます。そして（③ 　　　　　　　）に取りつけ、ハンドルを引いて、気体を取りこみます。

　　決められた時間後、色が（④ 　　　　　　　）ところの目もりを読みます。

| 気体採取器 | チップホルダー | 変わった | 両はし |
|---|---|---|---|

❀　図のように、3つの空きかんにわりばしを入れ、どれがよく
燃えるか調べます。次の（　　　）にあてはまる言葉を□から
選びかきましょう。

(各5点)

ⓐ 　　　ⓘ 　　　ⓤ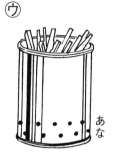

(1)　同じ（①　　　　　）の空きかん、同じ（②　　　　　）のわりば
し を用意するのは、（③　　　　　　）を同じにして比べたいから
です。

```
条件　　大きさ　　本数
```

(2)　燃えたあとの空気は温度が（①　　　　　　）、軽いので上へあが
ろうとします。ですから、ものが燃えるときには、新しい空気
の入口を（②　　　　）に、（③　　　　　　）の空気の出口を
（④　　　　）につくります。

　　ア～ウでよく燃えたのは（⑤　　　　　）です。

```
上　　下　　高く　　ウ　　燃えたあと
```

# 5 酸素と二酸化炭素のはたらき①

◎　次の（　　　）にあてはまる言葉を □ から選びかきましょう。

（各5点）

(1)　図のように酸素の中でろうそくを燃や
しました。ろうそくは、空気中よりも
（①　　　　　）燃えました。

　燃やしたあとのびんに（②　　　　　）
を入れてふると（③　　　　　）にごりまし
た。

　それは、燃えることによって
（④　　　　　）ができたからです。

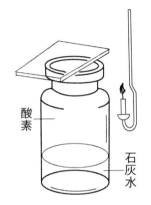

酸素

石灰水

| 激しく（はげ） | 白く | 二酸化炭素 | 石灰水（せっかいすい） |

(2)　このように、空気中にある（①　　　　　）には、ものを
（②　　　　　）はたらきがあります。

　（③　　　　　）や木炭などを燃やしたあとも酸素が使われ
て、（④　　　　　）ができます。

| 燃やす | 酸素 | 二酸化炭素 | 線こう |

◎　次の（　　）にあてはまる言葉を□から選びかきましょう。

(各8点)

図1のように、二酸化炭素を集めたびんの中に燃えているろうそくを入れました。

すると、ろうそくの火は（①　　　　　）ました。

（②　　　　　　　　）には、ものを燃やす性質は（③　　　　　　　　）。

次に、ガラスのつつに、背の高いろうそくと、背の低いろうそくを入れ、図2のように、二酸化炭素を少しずつ入れました。

はじめに消えたのは、背の（④　　　　　　）ろうそくでした。

それは、二酸化炭素には、空気より（⑤　　　　　　）という性質があるからです。

図1

水

二酸化炭素

図2

二酸化炭素ボンベ

ねん土

背が低い

背が高い

```
二酸化炭素　　消え　　ありません
重い　　低い
```

# 7 酸素と二酸化炭素のはたらき③

月　日　　点/40点

次の㋐〜㋒のびんには、空気、酸素、二酸化炭素のいずれかが入っています。あとの問いに答えましょう。　（各８点）

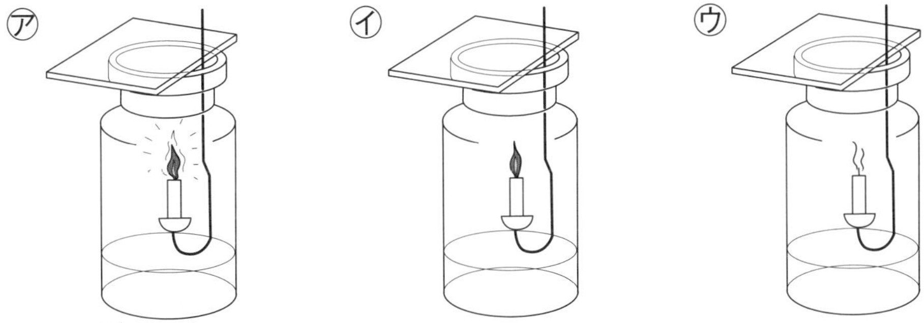


激(はげ)しく燃える　　おだやかに燃える　　すぐ消えた

(1)　㋐〜㋒のびんに、火のついたろうそくを入れると上のようになりました。それぞれ何の気体ですか。

㋐（　　　　　）　㋑（　　　　　）　㋒（　　　　　）

(2)　㋐のろうそくの火が消えたあと、石灰水(せっかいすい)を入れてよくふると、石灰水はどうなりますか。

（　　　　　）

(3)　(2)の実験から何ができたとわかりますか。

（　　　　　）

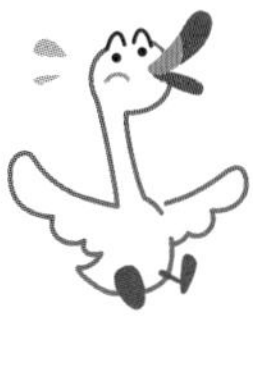

🌹　次の図を見て、あとの問いに答えましょう。　　　　　（各8点）

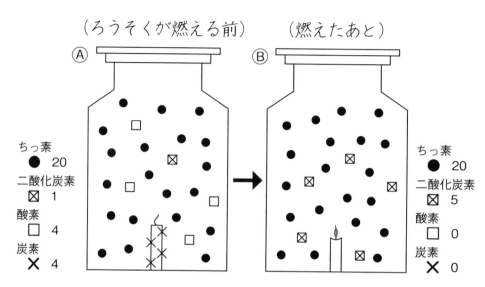

とじこめられた空気中で、ろうそく（炭素）を燃やしました。そのときの変化を図にして表しました。

(1)　ちっ素はどうなりましたか。　　　　　　（　　　　　　　　）

(2)　酸素はどうなりましたか。　　　　　　　（　　　　　　　　）

(3)　二酸化炭素はどうなりましたか。　　　　（　　　　　　　　）

(4)　ろうそく（炭素）はどうなりましたか。（　　　　　　　　）

(5)　この図から考えて、二酸化炭素はどのようにしてできたと考えられますか。

（　　　　　　　　　　　　　　　　　　　　　　　　　　　　　）

# 9 呼吸のはたらき①

✿ 図はヒトや動物の呼吸について表したものです。次の
（　　　）にあてはまる言葉を □ から選びかきましょう。(各5点)

(1) 口や（①　　　　）から入った空

気は（②　　　　）を通って肺に入

ります。肺では、（③　　　　）が

（④　　　　）に取り入れられ、

（⑤　　　　）が出されます。

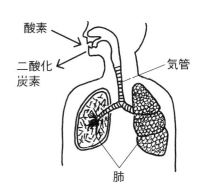

酸素

二酸化
炭素

気管

肺

| 血液　　気管　　鼻　　酸素　　二酸化炭素 |
| --- |

(2) 魚は（①　　　　）で呼吸し

ています。水にとけている

（②　　　　）を取り入れて、

（③　　　　）を出して

います。

えら

酸素 →

二酸化炭素

| えら　　酸素　　二酸化炭素 |
| --- |

◎　吸う空気と、はいた空気のちがいを気体検知管を使って調べました。あとの問いに答えましょう。

（各10点）

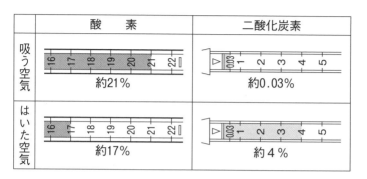

| | 酸　素 | 二酸化炭素 |
|---|---|---|
| 吸う空気 | 16 17 18 19 20 21 22　約21% | 0.03 1 2 3 4 5　約0.03% |
| はいた空気 | 16 17 18 19 20 21 22　約17% | 0.03 1 2 3 4 5　約4% |

(1)　吸う空気と比べて、はいた空気で体積の割合が減っている気体は何ですか。

（　　　　　　　　　）

(2)　(1)でどれくらい減りましたか。

（　　　　　　　　　）

(3)　はいた空気は、吸う空気と比べて、二酸化炭素の体積の割合はどうなりましたか。

（　　　　　　　　　）

(4)　はいた空気に酸素はふくまれていますか。ふくまれていませんか。

（　　　　　　　　　）

# 11 呼吸のはたらき③

❀ 吸う空気とはいた空気のちがいを、下のようにして調べました。
次の(　　)にあてはまる言葉を □ から選びかきましょう。

(各10点)

(1) ふくろに入れた液は何で
すか。

(　　　　　　　　)

Ⓐ　はき出した空気

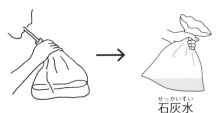

石灰水（せっかいすい）

(2) (1)の液を入れてよくふる
と、液が白くにごるのは、
Ⓐ、Ⓑのどちらですか。

(　　　　　　　　)

Ⓑ　吸う空気

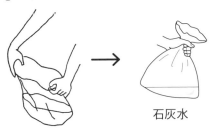

石灰水

(3) 実験の結果から、吸う空
気と比べて、はいた空気に
多くふくまれている気体は
何ですか。

(　　　　　　　　)

(4) (3)の気体はどこから出てきたものですか。

(　　　　　　　　)

| 体の中　　Ⓐ　　二酸化炭素　　石灰水 |
|---|

◎ 次の( )にあてはまる言葉を ☐ から選びかきましょう。

(各5点)

(1) ヒトの口や(① ) から取り入れられた空気は、(② ) を通って、(③ ) に運ばれ、さらにその先の小さいふくろの(④ ) に送られます。

そこで、運ばれた空気の中から(⑤ ) が血液中に取りこまれ、体の各部分に運ばれます。

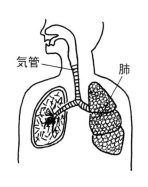

気管 肺

┌─────────────────────────┐
│ 酸素 鼻 気管 │
│ 肺 肺ほう │
│ はい │
└─────────────────────────┘

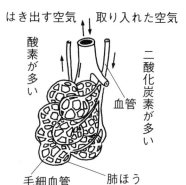

はき出す空気 取り入れた空気

酸素が多い

二酸化炭素が多い

血管

毛細血管 肺ほう

(2) 体の各部分でできた(① ) は、血液のはたらきで(② ) に運ばれ、気管を通り、鼻や(③ ) からはき出されます。

┌─────────────────────────┐
│ 二酸化炭素 口 肺 │
└─────────────────────────┘

# 13 食べ物の消化と吸収①

月　日

点/40点

◎ 図は、人の消化と吸収（きゅうしゅう）について表したものです。あとの問いに答えましょう。

（各５点）

(1) ㋐～㋓の名前を線で結びましょう。

㋐・　　・胃（い）

㋑・　　・小腸（しょうちょう）

㋒・　　・食道

㋓・　　・大腸

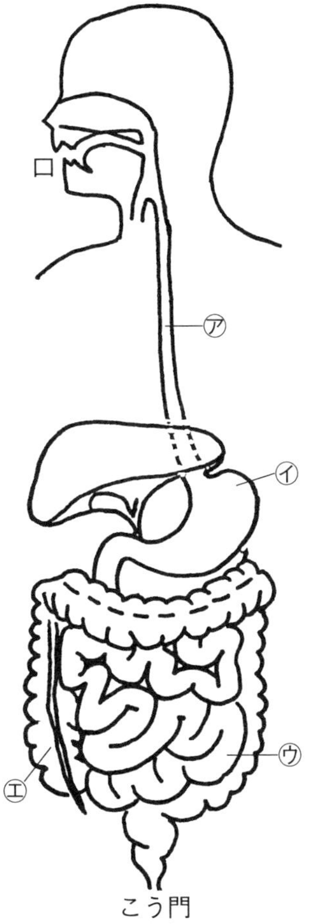


(2) 食べ物の通り道の順になるように（　）に言葉を入れましょう。

口

⇓

（①　　　　）

⇓

（②　　　　）

⇓

（③　　　　）

⇓

（④　　　　）

⇓

こう門

これらの通り道を消化器官といいます。

# 14 食べ物の消化と吸収②

月　日

点/40点

次の(　　)にあてはまる言葉を[　　]から選びかきましょう。

（各5点）

　口から入った食べ物は（①　　　　）でかみくだかれ、（②　　　　）と混ざります。

　図の㋐（③　　　　）を通って、㋑（④　　　　）に運ばれます。ここでは、胃液とまざり養分が吸収されやすいようにこなされます。

　さらに、㋒（⑤　　　　）でつくられた消化液と混ざり、㋓（⑥　　　　）に送られます。

　㋓では、こなされた食べ物から（⑦　　　　）や（⑧　　　　）が吸収されます。吸収されたものは㋒にたくわえられたり、体の各部分で使われたりします。

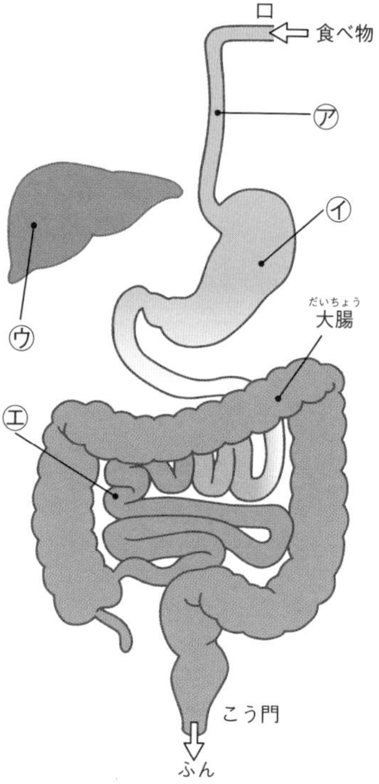


| | | | |
|---|---|---|---|
| 小腸 | 胃 | 食道 | かん臓 |
| 養分 | 歯 | だ液 | 水分 |

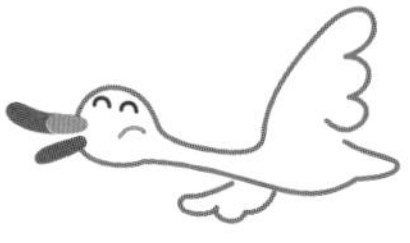

# 15 食べ物の消化と吸収③

月　日

点/40点

図のようにだ液のはたらきを調べました。次の(　　)にあてはまる言葉を［　　］から選びかきましょう。（各10点）

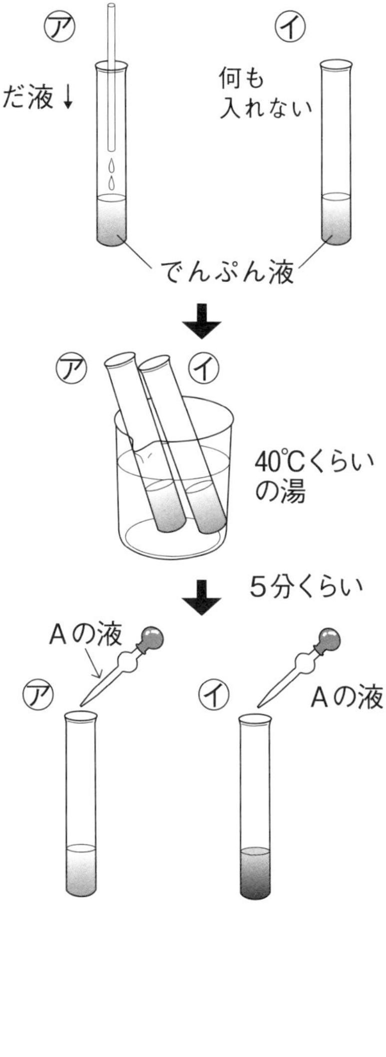

[ア]
[イ]
だ液↓
何も
入れない
でんぷん液
[ア]
[イ]
40℃くらい
の湯
5分くらい
Aの液
[ア]
[イ]
Aの液


(1)　でんぷんがあるかを調べるために入れるAの液は何ですか。

(　　　　　　　　)

(2)　[ア]、[イ]の試験管の液にAの液を入れると色は変わりますか、それとも変わりませんか。

[ア]　色は(　　　　　　　　)

[イ]　色は(　　　　　　　　)

(3)　だ液は何を変化させることがわかりますか。

(　　　　　　　　)

| | |
|---|---|
| でんぷん | ヨウ素液 |
| 変わります | 変わりません |

# 16 食べ物の消化と吸収④

月　日

点/40点

次の文で正しいものには○を、まちがっているものには×をつけましょう。 (各５点)

①（　　）口では、食べ物がかみくだかれるだけでなく、だ液によって消化される。

②（　　）食道では、胃液(いえき)が出され消化している。

③（　　）消化のはたらきをするのは小腸(しょうちょう)だけである。

④（　　）胃はふくろのような形をしていて、胃液を出して、消化している。

⑤（　　）大腸は養分や水分を吸収(きゅうしゅう)する。

⑥（　　）かん臓(ぞう)は、消化液を出す。

⑦（　　）食べ物は食道からかん臓へ送られ、次に胃に運ばれる。

⑧（　　）小腸は養分を吸収する。

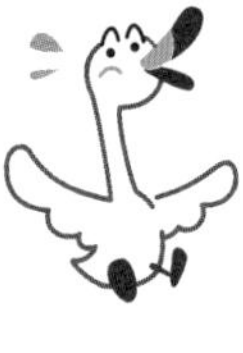

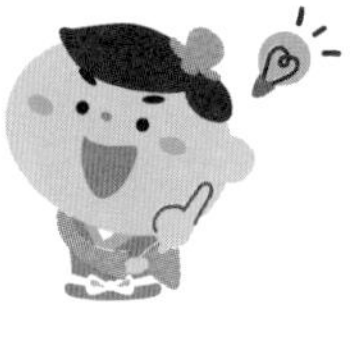

# 17 心臓と血液のはたらき①

❀　図は、全身の血液の流れを表したものです。次の（　　　）にあてはまる言葉を ☐ から選びかきましょう。　　　（各8点）

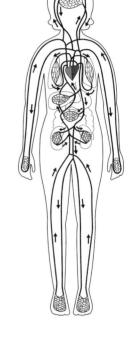

(1)　血液は（①　　　　　　）を通り体の

すみずみまで運ばれます。

　　血液は（②　　　　　　）から送り出

され、再び心臓（しんぞう）にもどってきま

す。

| 心臓　　　血管 |
|---|

(2)　血液は、肺（はい）で取り入れた酸素や小

腸で吸収（きゅうしゅう）した（①　　　　　　）などを

体の各部分にわたしています。

　　反対に、体内でできた（②　　　　　　　　）や

（③　　　　　　　　）を受け取って運んでいます。

| 養分　　　二酸化炭素　　　不要なもの |
|---|

# 18 心臓と血液のはたらき②

月　　日

点/40点

❀　次の(　　)にあてはまる言葉を □ から選びかきましょう。

(各8点)

(1)　心臓は(①　　　　　　)、ちぢん
だりして、全身に血液を送り出す
(②　　　　　　)の役目をしていま
す。

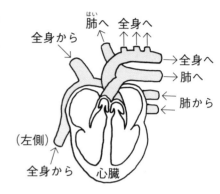

肺へ　全身へ
全身から
→全身へ
→肺へ
←肺から
(左側)
全身から　　心臓

```
ポンプ　　のびたり
```

(2)　胸に(①　　　　　　　　)をあて
ると、心臓の(②　　　　　　　)の音が
聞こえます。手首の血管を指でおさ
えると(③　　　　　　)を調べられま
す。

```
脈はく　　はく動　　ちょうしん器
```

# 19 心臓と血液のはたらき③

月　日

点/40点

◎ 図を見て、あとの問いに答えましょう。 （各10点）

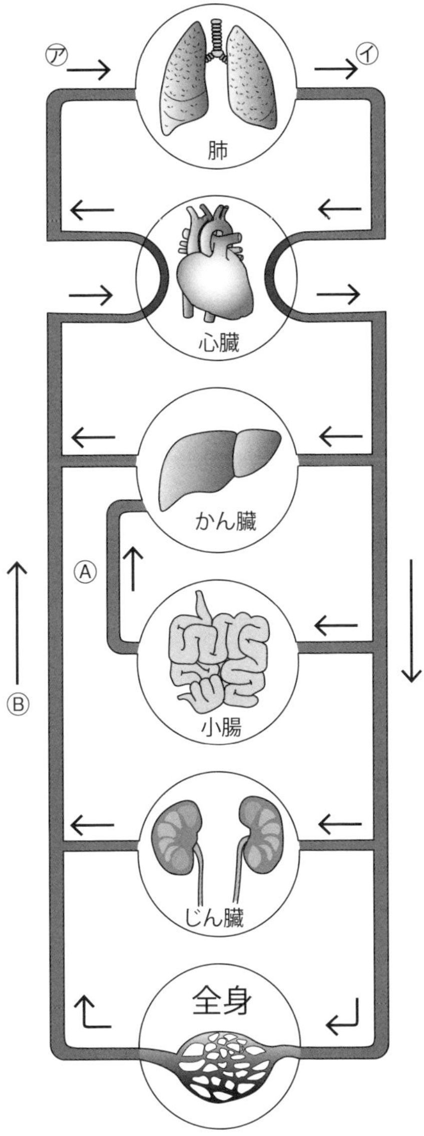


(1) ㋐と㋑では、酸素が多いのはどちらですか。

（　　　）

(2) Ⓐの血液には何が多くふくまれていますか。

（　　　）

(3) じん臓は血液中の何を取りますか。○をつけましょう。

（ 栄養 ， 不要なもの ）

(4) Ⓑの血液中には、次のどちらが多くふくまれていますか。○をつけましょう。

（ 酸素 ， 二酸化炭素 ）

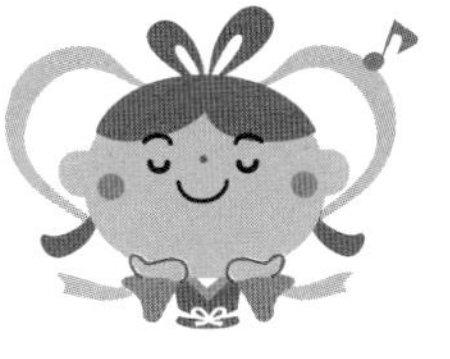

# 20 心臓と血液のはたらき④

月　日

点/40点

次の(　　)にあてはまる言葉を[　　]から選びかきましょう。

（各５点）

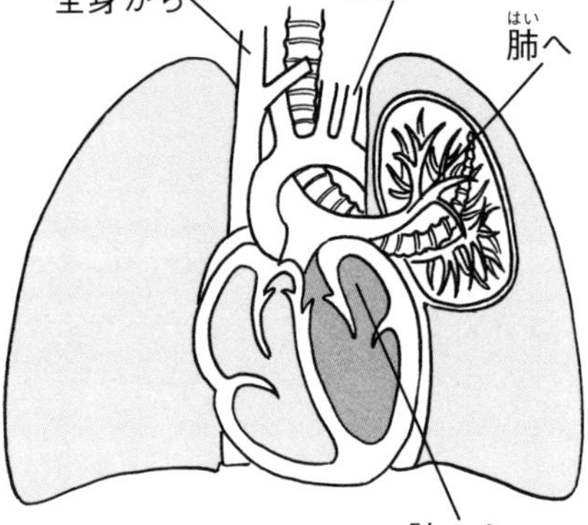

全身から
全身へ
肺へ
肺から


心臓の大きさは、手をにぎりしめた(①　　　　)ぐらいです。血液を送り出すときの動きは、血管に伝わり、手首などでも(②　　　　)となって表れます。

心臓には(③　　　　)の部屋があり、酸素や(④　　　　)を多くふくんだ血液を(⑤　　　　)に送る(⑥　　　　)のはたらきをしています。

また、(⑦　　　　)から酸素をたくさんふくんだ血液が入ってきたり、二酸化炭素の多い血液を(⑧　　　　)へ送ったりもします。

こぶし　ポンプ　脈はく　４つ
全身　肺　肺　養分

# 21 植物と水や空気①

✿　次の(　　　)にあてはまる言葉を □ から選びかきましょう。

（各10点）

食べニで
色をつけた水

横に
切る ⇒

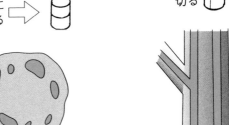

縦に
切る

　図は色をつけた水にしばらくつけたホウセンカのくきを切ったようすです。

　赤く染まったところが(① 　　　　　　)の通り道とわかります。

　(② 　　　　　)から吸い上げた水は、根、くき、葉にある

(③ 　　　　　　　)を通って(④ 　　　　　)に運ばれます。

| 体全体　　水の通り道　　水　　根 |
| --- |

# 22 植物と水や空気②

月　日

点/40点

次の(　　)にあてはまる言葉を[　]から選びかきましょう。

(各８点)

(1) ジャガイモの葉のついた枝㋐と、葉をとった㋑にビニルぶくろをかぶせました。

15分後です。㋐のふくろには(①　　　)がついてふくろが白くくもりました。㋑のふくろは(②　　　　　)。

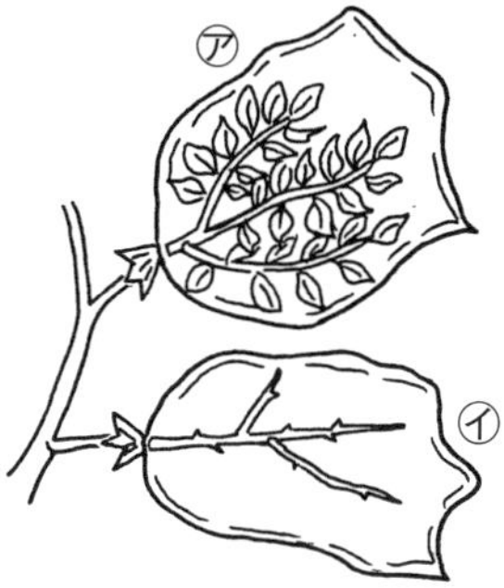


| あまりくもりません　水てき |
|---|

(2) ジャガイモの葉をけんび鏡で観察すると、葉のところどころに(①　　　)というあなが見られます。

根から運ばれてきた水はこのあなから(②　　　　)となって出ていきます。このはたらきを(③　　　)といいます。

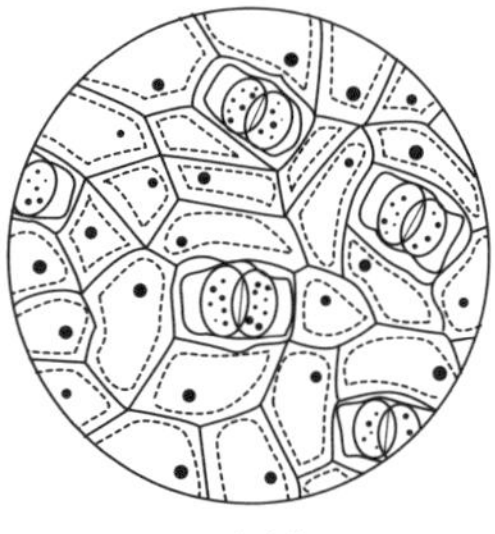

葉の拡大図(かくだい)

| 水蒸気(すいじょうき)　蒸散　気こう |
|---|

# 23 植物と水や空気③

植物が日光にあたったときの空気の変化を調べました。次の
（　　　）にあてはまる言葉を □ から選びかきましょう。（各8点）

(1) ふくろの中の植物に（① 　　　　　　）を
ふきこみ、酸素と二酸化炭素の割合を
（② 　　　　　　　　）で調べます。

ストロー

| 気体検知管　　息 |
| --- |

気体検知管

(2) 1～2時間（① 　　　　　　）にあて
ておき、(1)と同様に調べると酸素
は約16%から約（② 　　　　　）%に
増え、二酸化炭素は約4%から約
（③ 　　　　　）%に減っていまし
た。

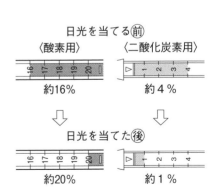

日光を当てる前
〈酸素用〉　　　〈二酸化炭素用〉
約16%　　　　約4%

日光を当てた後
約20%　　　　約1%

| 1　　20　　日光 |
| --- |

# 24 植物と水や空気④

🌸　図を見て、次の文で正しいものには○を、まちがっているものには×をつけましょう。

（各10点）

根

食ベニで
色をつけた水

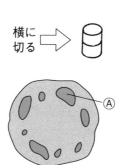

横に
切る

Ⓐ

縦に
切る

① （　　　）　くきだけでなく葉も赤く染まりました。

② （　　　）　根を切り落として、同じようにすると、葉まで赤く染まりません。

③ （　　　）　赤く染まった部分は水の通り道です。

④ （　　　）　図のⒶは空気も通ります。

✿　次の（　　）にあてはまる言葉を □ から選びかきましょう。

（各8点）

植物の葉にでんぷんがあるか調べます。

図1　葉を熱い（①　　　　　）に1〜2分間つけたあと、2つに折ったろ紙にはさみます。

図1
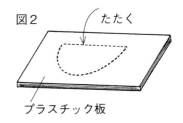
ろ紙

図2　ろ紙を（②　　　　　）などにはさみ、（③　　　　　）でたたきます。

図2
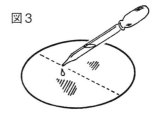
たたく
プラスチック板

図3　葉をはがしたろ紙に（④　　　　　）をつけ、色の変化を見ます。でんぷんがあると（⑤　　　　　）色になります。

図3

| 木づち　　プラスチック板　　湯 |
| :-- |
| ヨウ素液　　青むらさき |

葉に日光があたるとでんぷんができるかどうか、次のような実験をしました。（　　）にあてはまる言葉を ▢ から選びかきましょう。

(各10点)

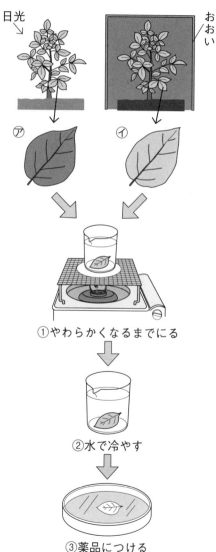

①やわらかくなるまでにる

②水で冷やす

③薬品につける

(1)　①でやわらかくなるまでにるのは、葉の緑色を（　　　　　　）するためです。

(2)　③ででんぷんがあるかどうかを調べる薬品は（　　　　　　）です。

(3)　でんぷんがあると③の薬品は（　　　　　　）色になります。

(4)　でんぷんがあるのは、（　　　　　　）とわかりました。

> 青むらさき　　うすく
> ㋐　　ヨウ素液

# 27 植物と養分③

月　日

点/40点

ジャガイモの3枚（まい）の葉をアルミニウムで包み、でんぷんのでき方を調べました。あとの問いに答えましょう。　（各10点）

前の日の夕方、アルミニウムはくで包んでおく。

| | 次の日 | |
|---|---|---|
| ㋐の葉 | 朝、アルミニウムはくをはずす。→ | はずしてすぐにヨウ素液につける。 |
| ㋑の葉 | 朝、アルミニウムはくをはずす。→ | 4～5時間後に、ヨウ素液につける。 |
| ㋒の葉 | アルミニウムはくはそのまま。→ | 4～5時間後に、ヨウ素液につける。 |

(1)　㋐の葉をヨウ素液につけたら色は変わりませんでした。㋑、㋒の葉は変わりますか。変わりませんか。

㋑（　　　　　）　㋒（　　　　　）

(2)　朝、葉にでんぷんがないことは㋐～㋒のどの葉を調べた結果からわかりますか。

（　　　）

(3)　でんぷんができた葉は、㋐～㋒のどの葉ですか。

（　　　）

❀　次の（　　）にあてはまる言葉を □ から選びかきましょう。

（各8点）

　図は、ヒマワリを（①　　　　）か
ら見た図です。（②　　　　）をたく
さん受けられるように、葉がタト側に
広がっています。

上から見たヒマワリ

　また、他の植物ととなりあわせで
生きている植物は、葉を広げる
（③　　　　）を ず ら し た り、
（④　　　　）を長くのばして他の植
物より上になったりして、日光をた
くさん受けようとしています。

クズのおおっているようす

　クズやカラスノエンドウなど
（⑤　　　　）のある植物は、（⑤）
をまわりの植物にまきつけて、その
植物より上に自分の葉を広げていま
す。

| 上　　くき　　時期　　つる　　日光 |
| --- |

# 29 水よう液の仲間分け①

◎　次の（　　　）にあてはまる言葉を □ から選びかきましょう。

（各8点）

　水よう液には、酸性・（①　　　　　　　）性・中性の3つの種類があります。

　そしてそれらを見分ける試験紙としてリトマス試験紙があります。

　リトマス試験紙には、青と赤の2種類があり、水よう液が青色リトマス紙を（②　　　　　）すれば酸性を表し、赤色リトマス紙を（③　　　　）すればアルカリ性を表します。

　（④　　　　　　）の場合、どちらの色も変わりません。

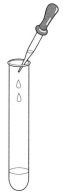

　また、酸性・アルカリ性を調べるものにリトマス紙の他に（⑤　　　　　　）などの薬品があります。

| 青く | 赤く | アルカリ |
|---|---|---|
| 中性 | BTB液 | |

# 30 水よう液の仲間分け②

◎ 次の表はリトマス紙を使って、いろいろな水よう液を調べた
結果をまとめたものです。

(各8点)

| 水よう液 | リトマス紙の色の変化のようす | | 水よう液の性質 |
|---|---|---|---|
| | 青色リトマス紙 | 赤色リトマス紙 | |
| 水酸化ナトリウム水よう液<br>石灰水（せっかいすい） | 変化なし | 青色に変化 | ㋐<br>(　　　　　) |
| 食塩水<br>さとう水 | 変化なし | (①　　　　　) | ㋑<br>(　　　　　) |
| 塩酸<br>炭酸水 | (②　　　　　) | 変化なし | ㋒<br>(　　　　　) |

(1) ①〜②に⒜変化なし・⒝赤色に変化のいずれかの記号をかき
ましょう。

(2) ㋐〜㋒に酸性・中性・アルカリ性のいずれかをかきましょ
う。

# 31 水よう液の仲間分け③

1 次の（　　）にあてはまる言葉を □ から選びかきましょう。
(各5点)

水よう液の仲間分けには、（① 　　　　　　）紙や
（② 　　　　　　）液、そして野菜の（③ 　　　　　　　　　）や
（④ 　　　　　　　　　）の花のしるなどが使われます。

| アサガオ　　ムラサキキャベツ　　BTB　　リトマス |
| --- |

2 リトマス紙の使い方で正しいものには○を、まちがっている
ものには×をつけましょう。
(各5点)

① （　　） リトマス紙はピンセットを使って取り出します。

② （　　） 調べる水よう液はガラス棒を使って、リトマス紙に
つけるようにします。

③ （　　） 使ったガラス棒は、2～3回ごとに洗うようにしま
す。

④ （　　） リトマス紙で使って色が変わらなかったものは、ま
た使います。

# 32 水よう液の仲間分け④

月　日

点/40点

1　次の(　　)にあてはまる言葉を[　　]から選びかきましょう。

（各４点）

おすしをつくるときには、ご飯(はん)に酢(す)を混ぜます。この酢は無色で、味は(①　　　　)、においは鼻にツンとくるような(②　　　　)ものです。また、食塩水は(③　　　　)、さとう水は(④　　　　)味がします。このように水よう液には、それぞれの特ちょうがあります。

しげき的な　　すっぱく　　あまい　　しょっぱく

2　次の水よう液の中で、酸性のものには○、中性のものには△、アルカリ性のものには×をつけましょう。　（各４点）

① (　　) 石灰水(せっかいすい)　　② (　　) アンモニア水

③ (　　) 炭酸水　　④ (　　) 水酸化ナトリウム水よう液

⑤ (　　) 塩酸　　⑥ (　　) さとう水

✿　図は、3種類の水よう液にアルミニウムと鉄を入れた実験です。表の〔　　〕にあわを出してとけるか、とけないかかきましょう。

(各10点)

〈実験〉

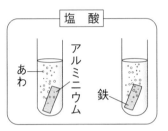

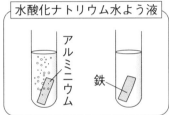

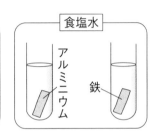

〈結果〉

|  | アルミニウム | 鉄 |
|---|---|---|
| 塩酸 | あわを出してとける | ①（　　　　　　　） |
| 水酸化ナトリウム水よう液 | ②（　　　　　　　） | ③（　　　　　　　） |
| 食塩水 | ④（　　　　　　　） | とけない |

❀　図のような(1)〜(3)の実験をしました。次の(　　)にあてはまる言葉を [　] から選びかきましょう。 （各5点）

(1)　鉄はさかんに(①　　　　　)を出しながら(②　　　　　)いきました。試験管は(③　　　　　)なりました。

うすい塩酸

スチールウール

> あたたかく　　あわ　　とけて

(2)　(1)の液を(①　　　　　)に少し入れて(②　　　　　)します。　液が蒸発すると、あとに(③　　　　　)ものが残りました。

(1)の液

加熱し蒸発させる

> 加熱　　黄色い　　蒸発皿

(3)　(2)で残ったものに磁石を近づけると(①　　　　　　　)でした。残ったものは(②　　　　)ではありませんでした。

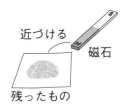

近づける

磁石

残ったもの

> 引きつけられません　　鉄

# 35 水よう液と金属③

❀　図は、うすい塩酸にアルミニウムをとかした液を調べたものです。　次の(　　)にあてはまる言葉を □ から選びかきましょう。

(各8点)

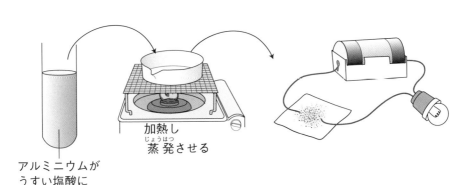

加熱し
蒸発させる

アルミニウムが
うすい塩酸に
とけた液

　蒸発皿にアルミニウムがとけた(① 　　　　　　　　　)の水よう液を入れて熱しました。すると液が(② 　　　　　　　)して、あとに(③ 　　　　　　　　)ものが残りました。

　次に残ったものは、電気を通すかどうか調べました。その結果電気は(④ 　　　　　　　)でした。

　残ったものは(⑤ 　　　　　　　　)ではありませんでした。

---

黄色い　　蒸発　　通りません
もとの金属　　うすい塩酸

ピペットの使い方について、次の（　　　）にあてはまる言葉を　　　から選びかきましょう。

(各8点)

(1) まず、ゴム球を軽くおしながら、（①　　　　　　）の先を水よう液に入れます。そして、ゴム球をそっと（②　　　　　　）ながら、水よう液を吸い上げます。

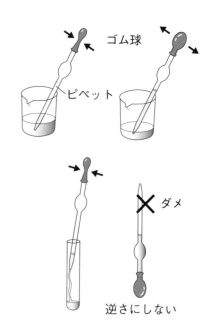

ゴム球
ピペット
✕ ダメ
逆さにしない

> はなし　　ピペット

(2) 次にピペットの先を（①　　　　　　）に入れ、ゴム球を軽く（②　　　　　　）水よう液を注ぎます。

ゴム球に水よう液が（③　　　　　　）ように気をつけます。

> 試験管　　入らない　　おして

# 37 水よう液にとけているもの①

🌸　次の（　　　）にあてはまる言葉を □ から選びかきましょう。

(各8点)

(1) 炭酸水は、水に二酸化炭素という（① 　　　　）が
とけた水よう液で、
（② 　　　　）です。
　水を蒸発させても、
（③ 　　　　）。

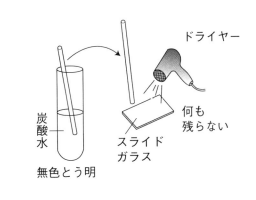

ドライヤー

炭酸水

無色とう明

スライドガラス

何も残らない

> 何も残りません　　気体　　無色とう明

(2) 食塩水は、水に食塩という固体がとけた水よう液で、
（① 　　　　）です。水を蒸発させると（② 　　　）が出てきます。

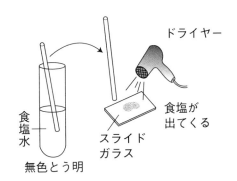

ドライヤー

食塩水

無色とう明

スライドガラス

食塩が出てくる

> 無色とう明　　食塩

# 38 水よう液にとけているもの②

月　　日

点/40点

❀　次の（　　）にあてはまる言葉を □ から選びかきましょう。

（各8点）

(1) 炭酸水から出る（① 　　　　　）を
試験管に集め、石灰水を入れてふり
ました。すると（② 　　　　　）
ました。これより、炭酸水には
（③ 　　　　　）がとけているこ
とがわかりました。

試験管に集める

炭酸水

> 二酸化炭素　　白くにごり　　気体

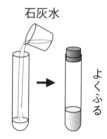

石灰水

よくふる

(2) ペットボトルに水を入れ、ボンベ
の（① 　　　　　）をふきこんで
から、ふたをしてよくふります。す
るとペットボトルは（② 　　　　　）
ました。これより（①）は水にとけ
ることがわかります。

二酸化炭素ボンベ

> へこみ　　二酸化炭素

水

へこむ

月　　日

点/40点

❀　次の表はいろいろな水よう液についてまとめたものです。次の（　　）にあてはまる言葉を□□から選びかきましょう。(各8点)

| 水よう液 | 塩酸 | 炭酸水 | （① 　　　　　　） |
|---|---|---|---|
| とけているもの | 塩化水素 | （② 　　　　　　） | 食塩 |
|  | （③ 　　　　　　　　　　） | | 固体 |
| 蒸発<br>（じょうはつ）<br>させる | （④ 　　　　　　　　　　） | | （⑤ 　　　　　　） |

食塩水　　二酸化炭素　　気体
何も残らない　　白いつぶが残る

# 40 水よう液にとけているもの④

❀　4つのビーカーには、炭酸水・食塩水・うすい塩酸・石灰水
が入っています。

次の実験から㋐〜㋓の液は何か調べましょう。　　　(各10点)

実験1　㋒、㋓は青色リトマス紙を赤色に変えた。

実験2　水よう液を少しとって熱したら、㋐、㋑は、あとに
　　　　つぶが残りました。

実験3　㋑はある気体にふれると白くにごりました。

実験4　アルミニウム片を入れると㋒はさかんにあわが出ま
　　　　した。

㋐〜㋓の液は何ですか。

㋐(　　　　　　　　　　　)　㋑(　　　　　　　　　　　)

㋒(　　　　　　　　　　　)　㋓(　　　　　　　　　　　)

# 41 月と太陽①

❀ 図は太陽を表しています。次の（　　）にあてはまる言葉を □ から選びかきましょう。

（各5点）

(1) 太陽は非常に（① 　　　　　）、
たえず（② 　　　　　）を出して
います。この光が（③ 　　　　　）
にとどきます。それによって明る
さや（④ 　　　　　）をもたら
しています。

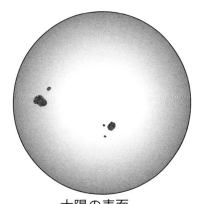

太陽の表面

┌─────────────────────────────┐
│ 地球　　暖かさ　　大きく　　強い光 │
└─────────────────────────────┘

(2) 太陽の（① 　　　　　）の温度は約（② 　　　　　）にもなりま
す。黒く見える部分は、周りより温度が（③ 　　　　　）部分で
（④ 　　　　　）と呼ばれています。

┌─────────────────────────────┐
│ 6000℃　　黒点　　低い　　表面 │
└─────────────────────────────┘

❀　図は月を表しています。次の(　　)にあてはまる言葉を
　　　□ から選びかきましょう。　　　　　　　　　　　（各5点）

(1)　月は自分では光を出さず、
（① 　　　　　　　）を反射しています。

　　表面には（② 　　　　　　　）や
（③ 　　　　　　）が一面に広がってい
て（④ 　　　　　　）はありません。

　　また、石や岩がぶつかってできた
くぼみの（⑤ 　　　　　　　）がたく
さんあります。

月の表面

| クレーター　　太陽の光　　空気　　岩石　　砂 |
| --- |

(2)　月の大きさは、地球の約（① 　　　　　　）で表面の温度は、明
るいところで約（② 　　　　　　）、暗いところで約
（③ 　　　　　　）です。

| 130℃　　れい下170℃　　1／4 |
| --- |

月　　　日

点/40点

✿　月の見え方について、次の（　　　）にあてはまる言葉を
　　　　から選びかきましょう。　　　　　　　　　（各5点）

(1)　月は（① 　　　　　　　）をしていますが
（② 　　　　　　　）に照らされている部
分だけが明るく光り、（③ 　　　　　　　）の
部分は暗くて見えません。そのため、
いろいろな形に見えます。

月の表面

| 太陽の光　　　球形　　　かげ |

(2)　月は（① 　　　　　　　）の光を受けな
がら（② 　　　　　　　）の周りを回って
います。月と太陽の位置関係が変
わるため、地球から見た月の形が
新月から（③ 　　　　　　　）へ、そして、半月（上げんの月）、15日
もすると（④ 　　　　　　　）となります。（④）は夕方（⑤ 　　　　　　　）の
空に出ます。

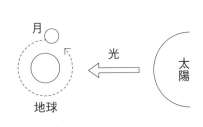

| 東　　　太陽　　　三日月　　　満月　　　地球 |

# 44 月の形と見え方②

図はボールと電灯を使って月の形の見え方について調べたものです。あとの問いに答えましょう。
(各8点)

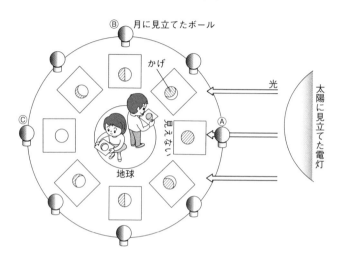

(1) 図の⒜〜ⓒの位置にあるとき、地球から見ると月はどのような形に見えますか。㋐〜㋒から選びましょう。

⒜ (　　　　)

Ⓑ (　　　　)

ⓒ (　　　　)

㋐

㋑

㋒

(2) 次の(　　　)にあてはまる言葉をかきましょう。

⒜の位置に月があるとき、光があたっている部分は地球からは (①　　　　　　　)。この月を (②　　　　　　　) と呼びます。

# 45 月の形と見え方③

月　日

点/40点

ある日、図の◌の位置に月が見えました。あとの問いに答えましょう。（各10点）

(1) このときの月の形はどのように見えますか。㋐～㋒から選びましょう。

（　　　　）

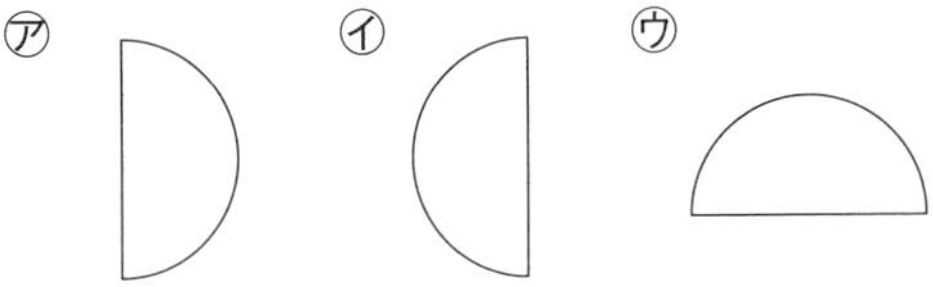


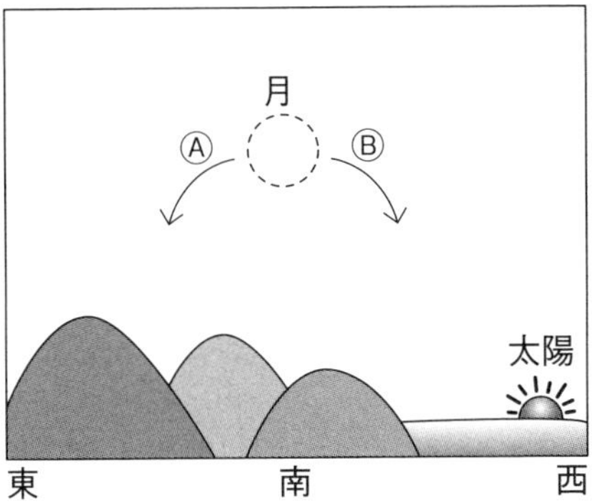


(2) このときは、朝方、夕方のどちらですか。

（　　　　）

(3) 日によって月の見える形が変わる理由として、正しいものに○をつけましょう。

① （　　） 月の形が変わるから。

② （　　） 日によって、太陽の光があたっている部分の見え方が変わるから。

(4) このあと、月は、Ⓐ、Ⓑどちらの方に動きますか。

（　　　　）

# 46 月の形と見え方④

月　日

点/40点

ある日の日ぼつ後、図の◌の位置に月が見えました。あとの問いに答えましょう。（各８点）

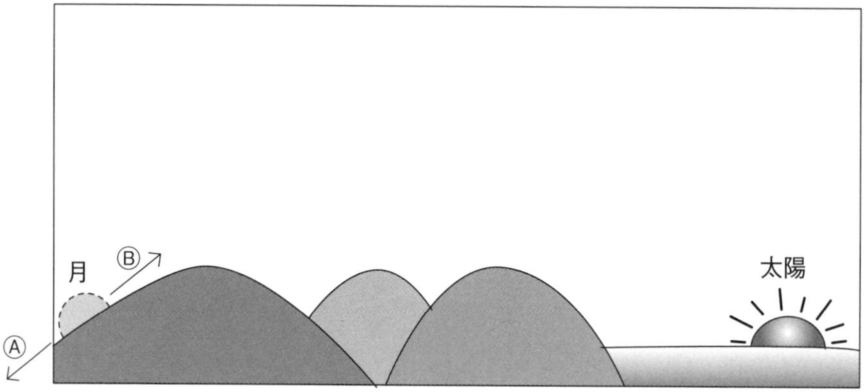


（①　　　　）　　南　　（②　　　　）

(1)　図の（　　）にあてはまる方角をかきましょう。

(2)　このとき月の形はどれでしょうか。㋐～㋒から選びましょう。

㋐ ㋑ ㋒

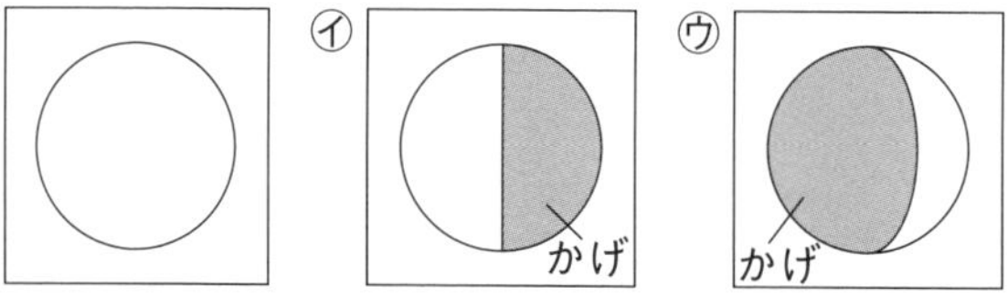


（　　　　）

(3)　図のような位置に月と太陽が見えるのは、１日のうちでいつごろか。次の㋐～㋒から選びましょう。（　　　　）

㋐　朝　　㋑　昼ごろ　　㋒　夕方

(4)　このあと、月はⒶ、Ⓑいずれの方に動きますか。

（　　　　）

✿　次の（　　）にあてはまる言葉を ▢ から選びかきましょう。

（各5点）

(1)　図のがけのしま模様は、

（① 　　　　　　）、（② 　　　　　　）、

色やつぶの（③ 　　　　　　）がちがう

小石、火山灰からできていて、この

ような層の重なりを（④ 　　　　　　）

といいます。

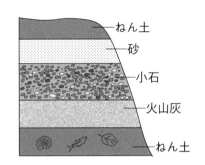

ねん土
砂
小石
火山灰
ねん土

┌─────────────────────────────────┐
│　地層　　ねん土　　砂　　大きさ　│
└─────────────────────────────────┘

(2)　小石の層は、（① 　　　　　　）のは

たらきでできるので角がとれ、

（② 　　　　　　）形をしています。

　一方、火山灰の層は、（③ 　　　　）

のはたらきでできるので、つぶは

（④ 　　　　　　）形をしています。

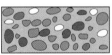

小石のつぶ

火山灰のつぶ
解ぼうけんび鏡
（約10倍）

┌──────────────────────────────────────┐
│　流れる水　　火山　　丸みのある　　角ばった　│
└──────────────────────────────────────┘

月　日

点/40点

◎　図は地層のでき方を調べる実験について表したものです。次の（　　）にあてはまる言葉を□□から選びかきましょう。(各5点)

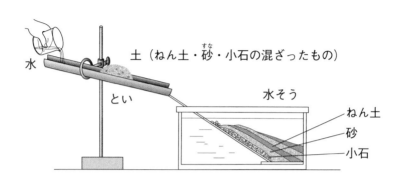

水

土（ねん土・砂・小石の混ざったもの）

とい

水そう

ねん土
砂
小石

(1)　といに小石（れき）と、砂、ねん土が混じった土を置いて水を入れた水そうに流しこむと、土は下から（① 　　　　　）、（② 　　　　　）、（③ 　　　　　　）に分かれて積もります。これはつぶの（④ 　　　　　）重いものが、速く（⑤ 　　　　　）からです。

| しずむ　　ねん土　　砂　　小石　　大きい |

(2)　地層ができるのは、（① 　　　　　　）のはたらきによって（② 　　　　　　）小石、砂、ねん土などが（③ 　　　　　）や湖の底に積もったものだとわかります。

| 海　　流れる水　　運ばれた |

# 49 地層と大地のつくり③

月　日
点/40点

図は、がけに見られる地層(ちそう)のようすを調べたものです。あとの問いに答えましょう。　(各10点)

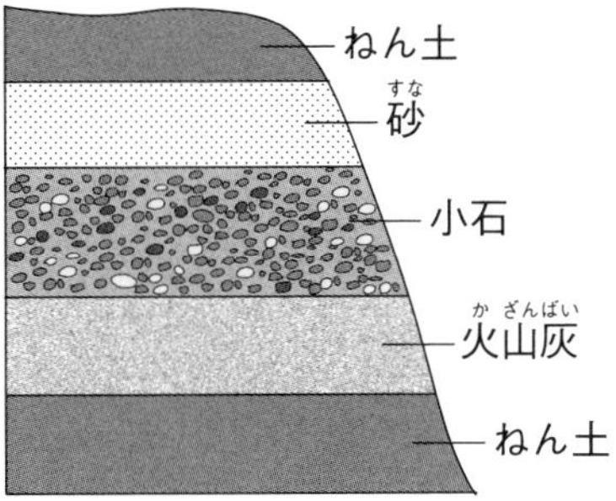


(1)　しま模様(もよう)に見えるのはなぜですか。
次の㋐〜㋒から選びましょう。
(　　　　)

㋐　固さのちがう小石、砂、ねん土が順になっているから。

㋑　色や大きさのちがう小石・砂・ねん土が層に分かれて重なっているから。

㋒　中にふくまれている動物や植物の化石の色がちがうから。

(2)　火山のふん火があったことは、どの層からわかりますか。
(　　　　)

(3)　(2)のような地層は、どこの近くでできますか。
(　　　　)

(4)　火山灰の層の土を水でよく洗(あら)い、解ぼうけんび鏡で観察しました。㋐、㋑どちらのように見えますか。
(　　　　)

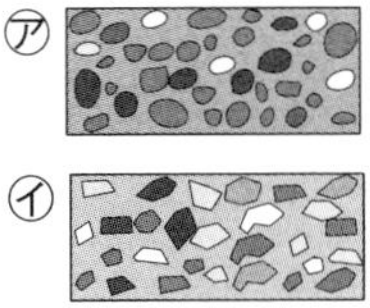

解ぼうけんび鏡
(約10倍)

# 50 地層と大地のつくり④

月　日

点/40点

🏵 図は、地層で見られる岩石を表したものです。（各８点）

㋐

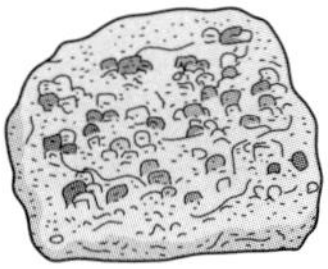

小石が砂などといっしょに固まった岩石

㋑

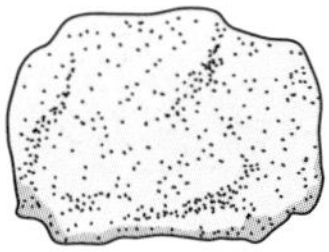

ねん土などが固まった岩石

(1) ㋐、㋑の岩石は、れき岩、砂岩、でい岩のどれですか。

㋐（　　　　）　㋑（　　　　）

(2) これらの岩石にふくまれる小石や砂のつぶは、どのような形をしていますか。正しいものに○をつけましょう。

（ 角ばっている ， 丸みがある ）

(3) ㋑の地層から右の図のようなものが見つかりました。何といいますか。

（　　　　）

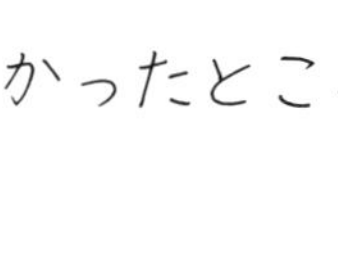

アンモナイト

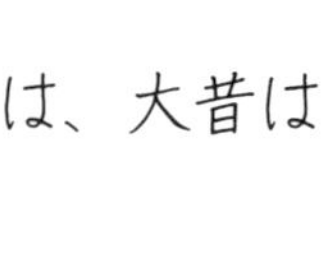

木の葉

(4) 海の生物だったアンモナイトが見つかったところは、大昔は何でしたか。記号でかきましょう。

（　　　　）

㋐ 海だった

㋑ 陸だった

㋒ 氷だった

月　日

点/40点

🌸　火山のふん火による土地の変化について、次の（　　）にあてはまる言葉を □ から選びかきましょう。 （各5点）

(1)　火山がふん火すると火口から

（① 　　　　　　）が流れ出たり

（② 　　　　　　）がふき出て積もったりします。

火山灰（かざんばい）　よう岩

(2)　火山のふん火でまい上がった

（① 　　　　　　）や、岩石によって家や

（② 　　　　　　）がうまってしまうなどの

（③ 　　　　　　）が起こることがあります。

**火山活動**

田畑　災害　火山灰

(3)　火山のふん火で流れ出た（① 　　　　　）

で川がせき止められ、（② 　　　　　）やたきができることもあります。

　また、よう岩がもり上がって、新しく

（③ 　　　　　）ができることもあります。

山　湖　よう岩

❀　地しんによる土地の変化について、次の(　　)にあてはまる
言葉を□から選びかきましょう。

(各8点)

(1)　大きな地しんが起こると、Ⓐのように

(① 　　　　　　)が生じて(② 　　　　　　　)

ができたり、Ⓑのように地面に

(③ 　　　　　　)ができたりして、土地の

ようすが大きく変化します。

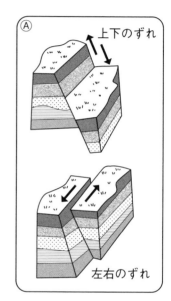

上下のずれ

左右のずれ

> がけ　断層(だんそう)　地割れ(じわ)

(2)　また地しんがあると、Ⓒのように

山のがけで(① 　　　　　　　　)が起

き、道路がうまってしまうなどの

(② 　　　　　　)が起こることもありま

す。

> 災害　土砂(どしゃ)くずれ

月　日

点/40点

# 53 大地の変化③

次の文のうち、正しいものには○を、まちがっているものには×をつけましょう。（各5点）

①（　　）地層(ちそう)には、火山灰(かざんばい)でできたものもあります。

②（　　）化石から、地層の古さや当時のようすを知ることができます。

③（　　）高さ8844mのエベレスト山から、アンモナイトの化石が見つかりました。もとは海底でできた地層です。

④（　　）地層は、いつも、水平になっています。

⑤（　　）火山灰のつぶは丸みがあるものが多いです。

⑥（　　）多くの地層は、川のはたらきによってできます。

⑦（　　）地しんにより地割(じわ)れや断層ができることがあります。

⑧（　　）火山のふん火により、湖ができることもあります。

# 54 大地の変化④

月　日

点/40点

次の文は、火山活動によって起こるものですか、地しんによって起こるものですか、それぞれ記号でかきましょう。（各８点）

㋐　海水が津波（つなみ）となっておしよせた。

㋑　火山灰がけむりのようにふき出し、空高くまい上がった。

㋒　流れ出したよう岩で新しい山や島ができた。

㋓　地割（じわ）れによって多くの道路が通れなくなった。

㋔　ふん火口に水がたまり湖ができた。

火山活動によるもの（　　　　　　）

地しんによるもの（　　　　　　）

❀ 図は、給食ででたカレーライスの材料を示したものです。次の（　　）にあてはまる言葉を□から選びかきましょう。(各8点)

(1) わたしたちは、肉や野菜など（① 　　　　　）をとらないと生きていくことができません。

牛は動物ですが、牛は（② 　　　　　）など植物を食べています。

ヒトや動物の食べているものをたどると、（③ 　　　）にいきつきます。

太陽

イネ

牧草

ニンジン　タマネギ　ジャガイモ

牛

米

肉

カレーライス

> 植物　　食べ物　　牧草

(2) 植物は日光を受けて（① 　　　　　）をつくり出しているので、植物だけでなく、ヒトや動物の生命は（② 　　　　　）に支えられていることになります。

> 太陽　　養分

🌹　図は、食べ物による生物のつながりを表したものです。次の
（　　　）にあてはまる言葉を ▢ から選びかきましょう。(各5点)

(1)

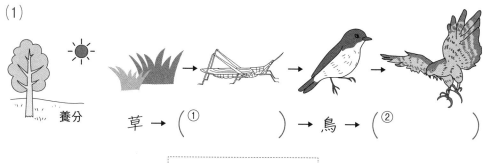

草 →（① 　　　　　）→ 鳥 →（② 　　　　　）

┌─────────────────┐
│　タカ　　バッタ　│
└─────────────────┘

(2)　植物の葉に日光があたると（① 　　　　　）ができます。草食動

物は（② 　　　　　）を食べて養分を得ています。そして

（③ 　　　　　）は他の動物を食べて養分を得ています。

┌──────────────────────────┐
│　養分　　肉食動物　　植物　│
└──────────────────────────┘

(3)　バッタは（① 　　　　）を食べ、（② 　　　　）はバッタなどを

食べて生きています。このような食べる・食べられるの関係を

（③ 　　　　　）といいます。

┌──────────────────────┐
│　鳥　　草　　食物連さ　│
└──────────────────────┘

◎ 図を見て、（　　　）にあてはまる言葉を □ から選びかきましょう。

(各5点)

(1) （①　　　　）は、チョウを食べ、チョウは（②　　　　）のみつを吸<sub>す</sub>います。

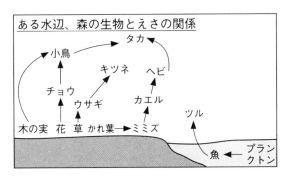

ある水辺、森の生物とえさの関係

カエルは（③　　　　）に食べられ、（③）は（④　　　　）に食べられます。このような生物のつながりを（⑤　　　　）といいます。

> 小鳥　　タカ　　花　　ヘビ　　食物連さ

(2) 生物の数量の関係を調べると、（①　　　　）から肉食動物へとたどるにつれて、その数量は（②　　　　）なるのがふつうです。図に表すと右のように（③　　　　）の形になります。

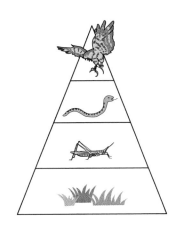

> 少なく　　ピラミッド　　植物

# 58 生物と食べ物のつながり④

◎　次の（　　）にあてはまる言葉を □ から選びかきましょう。

（各8点）

かれた植物や動物の（①　　　）や死がいなどは、土の中にすんでいる（②　　　　　）のはたらきで、植物の（③　　　）となります。植物はこれを根から吸い上げて成長したり実をつけたりします。

草食動物は、このようにしてできた（④　　　）の根・くき・葉や実を食物としてとります。

ヒトや肉食動物は（④）のほかに（⑤　　　）を食物としてとりますが、その栄養は、もとをたどれば（④）がつくったものなのです。

---

養分　　ふん　　小さな生物　　動物　　植物

# 59 生物と水や空気などのかん境①

🌸　図は、生物と空気のつながりを表したものです。次の（　　）
にあてはまる言葉を　□　から選びかきましょう。　（各4点）

(1)　ヒトや動物は、空気中の
（①　　　　　）を取り入れ、
（②　　　　　　）を出していま
す。これを（③　　　　　）といいます。

二酸化炭素

酸素

```
酸素　　二酸化炭素　　呼吸
```
こきゅう

(2)　植物の葉に日光があたると、空
気中の（①　　　　　　）と植物
の中の水を利用して、養分と
（②　　　　）をつくります。この
ことを（③　　　　）と呼びます。

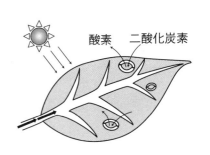

酸素　　二酸化炭素

```
酸素　　二酸化炭素　　光合成
```
よ

(3)　ヒトや動物は（①　　　　）を取り入れ、（②　　　　　　）
を出します。植物は逆に（③　　　　）をつくります。
　　（④　　　　）がなければ、ヒトや動物は生き続けられません。

```
二酸化炭素　　酸素　　酸素　　植物
```

🌸　次の（　　）にあてはまる言葉を ☐ から選びかきましょう。

(各5点)

(1) 植物は、根から（①　　　　　）を吸い上げて、葉で日光を受け養分をつくります。（①）の一部は葉から（②　　　　　）として空気中に放出されます。

ヒトは（③　　　　　）から直接、または（④　　　　　）を通して体内に水をとり入れます。ヒトの体は、その体重のおよそ（⑤　　　　　）％を水がしめています。そして、不必要になった水は、体の外に出されます。ヒトや動物が生きていくためには、水はなくてはなりません。

> 水　　食物　　水蒸気（すいじょうき）　　口　　70

(2) ヒトは、水を生活の中で使うほか、植物を（①　　　　　）したり、工場でものをつくるために大量の水を使います。このとき、さまざまなものが混じったり、（②　　　　　）した水が川や海に流れこむと、そこにすむ生物に大きなえいきょうをおよぼします。

ですから、生物にえいきょうをおよぼさないように、わたしたちの使った生活はい水は、いったん（③　　　　　）に送り、きれいにしてから川や海にもどさなければなりません。

> 下水処理場（げすいしょりじょう）　　さいばい　　とけこんだり

# 61 生物と水や空気などのかん境③

月　日

点/40点

次の(　　)にあてはまる言葉を[　　]から選びかきましょう。

(各5点)

地球は大気と呼(よ)ばれる空気の層(そう)で包まれています。これは、宇宙からくる有害な光線をさまたげたり、太陽光による温度差を(① 　　　)で包むようにやわらげています。

青く美しい地球には(② 　　　)がたくさんあります。

(③ 　　　)、(④ 　　　)が(②)を体に取り入れて生きています。

地上約(⑤ 　　　)の大気の層の中では、陸上の水や海の水が蒸発(じょうはつ)して(⑥ 　　　)となり、上空にのぼります。

そこで冷やされて(⑦ 　　　)となり、雨や雪となって地上に降(ふ)ります。

このように大気は(⑧ 　　　)が生きていくうえでなくてはならないものなのです。

| | | | |
|---|---|---|---|
| 生物 | 動物 | 植物 | 水蒸気 |
| 10km | 雲 | 毛布 | 水 |

# 62 生物と水や空気などのかん境④

月　日

点/40点

次の文のうち、正しいものには○を、まちがっているものには×をつけましょう。（各４点）

①（　　）石油やガスが燃えたときは、ちっ素ができます。

②（　　）ヘビは呼吸（こきゅう）によって、空気中の酸素を取り入れています。

③（　　）植物の呼吸は、空気中の二酸化炭素を吸（す）って、酸素をはき出すことをいいます。

④（　　）ヒマワリの葉では、夜でも、でんぷんをつくることができます。

⑤（　　）植物は、おもに葉から水分を取り入れています。

⑥（　　）大気中の二酸化炭素が増えると、地球の気温は上がります。

⑦（　　）自動車や工場から出るはい気ガスには、酸性雨の原因となる気体をふくんでいます。

⑧（　　）地球には、大気の層（そう）があり、その中で水はさまざまに姿（すがた）を変えてじゅんかんしています。

⑨（　　）動物の体内には、およそ70%の水分がふくまれています。

⑩（　　）トラやライオンなどの肉食動物は、えさとなる動物さえいれば、植物などなくても生き続けられます。

# 63 人とかん境①

⊛ 次の（　）にあてはまる言葉を □ から選びかきましょう。

(各4点)

(1) わたしたちが住んでいる地球は（①　　　）の光をあび、（②　　　）の層で包まれ、豊かな（③　　　）にめぐまれています。海にも陸にもたくさんの（④　　　）が、たがいにかかわりあいながら生き続けています。

このかけがえのない（⑤　　　）で生物が生き続けるためには、（⑥　　　）を守らなければなりません。

> 自然　水　太陽　大気　生物　地球

(2) 地球をとりまくかん境問題の中には、森林ばっ採によって広がる（①　　　）の問題、二酸化炭素のはい出量が多くなり地球の温度が上がる（②　　　）の問題、空気中に増えるちっ素酸化物が雨にとける（③　　　）の問題、エアコンや冷蔵庫などで使われているフロンガスによる（④　　　）の問題などがあります。

電気のスイッチを小まめに切ったり、石油などの燃料にたよらないエネルギーを考えたり、水の使用量を減らしたりすることは、わたしたちにできる大切なことです。

> 酸性雨　温暖化　砂ばく化　オゾン層の破かい

◎　次の（　　）にあてはまる言葉を □ から選びかきましょう。

(各5点)

(1)　人間がつくり出したはい出ガスには、二酸化炭素のほかに（①　　　　　　　）のガスや、（②　　　　　　　）のガスがあります。これらのガスは、大気中で雨にとけると、強い（③　　　　　　　）を示します。

　この雨は（④　　　　　）をからしたり、金属やコンクリートなどでできている建物をとかしたり、かん境に大きくえいきょうをあたえます。

> ちっ素酸化物　　イオウ酸化物　　酸性　　植物

(2)　ヘアスプレーや（①　　　　　　　）や冷蔵庫などに使われている（②　　　　　　　）ガスが大気中に出されると、地球をとりまく（③　　　　　　　）層にあなが開きます。（③）層は、宇宙からくる害のある紫外線などの（④　　　　　　　）から生物を守るはたらきをしています。

> エアコン　　オゾン　　フロン　　光線

❀　次の(　　　)にあてはまる言葉を □ から選びかきましょう。

(各5点)

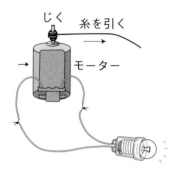

じく
糸を引く
→
→ モーター

(1)　図のように(①　　　　)をつないだモーターのじくを、糸を引き(②　　　　)させました。すると豆電球に明かりがつきました。このしくみを利用したものが(③　　　　　　)です。

> 手回し発電機　　豆電球　　回転

(2)　(①　　　　　　　　)のハンドルを回すと(②　　　　)がつくられて、豆電球が(③　　　　)しました。これで、(①)のしくみは、モーターのしくみと(④　　　　)だとわかります。

　このように電気をつくることを(⑤　　　　)といいます。

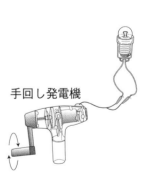

手回し発電機

> 電気　　発電　　同じ　　手回し発電機　　点灯

# 66 電気をつくる・ためる②

月　日

点/40点

次の(　　)にあてはまる言葉を[　　]から選び、その記号をかきましょう。（各5点）

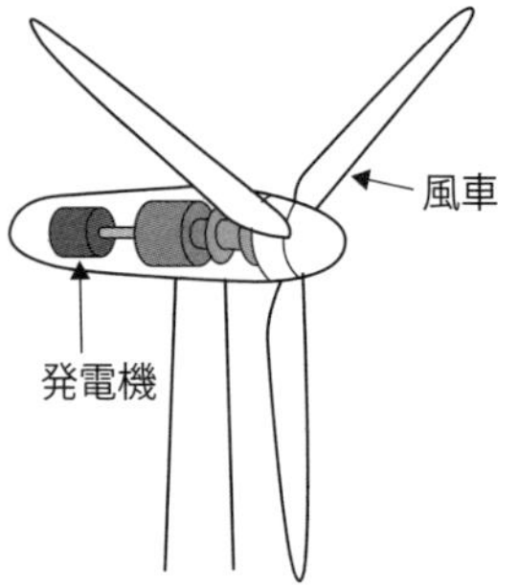
風車
発電機

風力発電

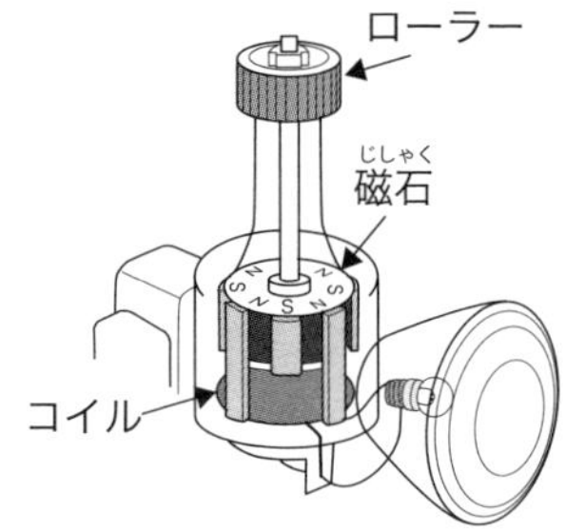
ローラー
じしゃく
磁石
コイル

自転車の発電機

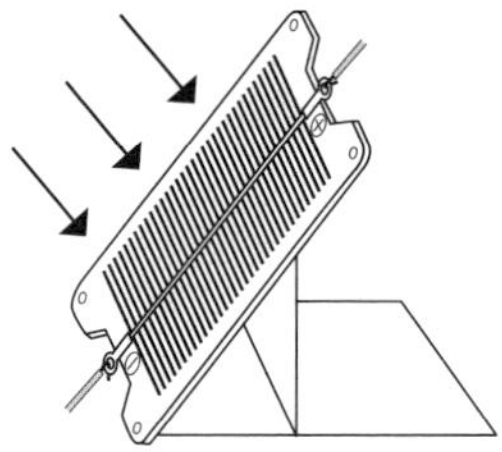

太陽光発電（光電池）

風力発電は、(①　　　)の力を利用して、大きな(②　　　)を回すことで、発電機のじくを回しています。

また、流れる水の力を利用した(③　　　)発電や蒸気の力を利用した(④　　　)発電・(⑤　　　)発電も、しくみは同じです。これらは、(⑥　　　)発電機や自転車の発電機と同様に、中にあるモーターのじくを回すことで発電しているのです。

そのほか、(⑦　　　)発電があります。これは(⑧　　　)があたると発電するしくみになっています。

| | | | |
|---|---|---|---|
| ㋐水力 | ㋑火力 | ㋒原子力 | ㋓太陽光 |
| ㋔手回し | ㋕風 | ㋖プロペラ | ㋗光 |

# 67 電気をつくる・ためる③

次の(　)にあてはまる言葉を[　]から選びかきましょう。

(各4点)

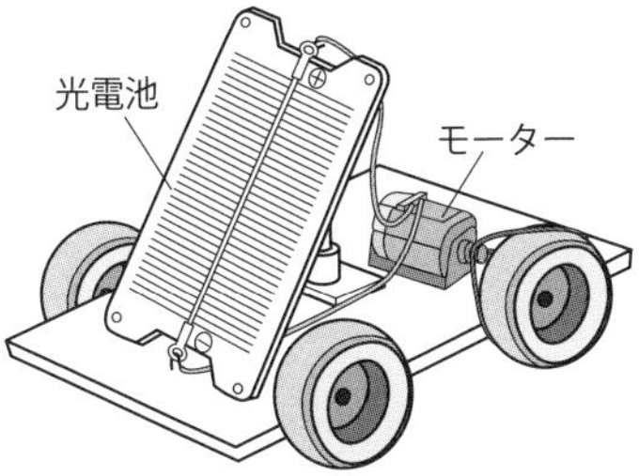


(①　　　)にモーターをつなぎ、(②　　　)をあてます。するとモーターは(③　　　)ます。

(①)は、(②)の力を(④　　　)の力に変かんするはたらきがあります。

また、(①)を半とう明のシートでおおい、あたる光の(⑤　　　)を(⑥　　　)します。

すると、モーターは(⑦　　　)回ります。

(①)にあたる光が強いほど(⑧　　　)電流が流れます。

この実験でわかるように、太陽光発電は(⑨　　　)の日より(⑩　　　)の日の方が発電量が多くなります。

| | | | | |
|---|---|---|---|---|
| 光 | 光電池 | 少なく | ゆっくり | 電気 |
| 量 | 晴れ | くもり | 強い | 回り |

# 68 電気をつくる・ためる④

月　日

点/40点

図のように、手回し発電機をコンデンサーにつなぎました。ハンドルを回したあと、コンデンサーを豆電球につないだところ、しばらくの間、豆電球が光りました。（各10点）

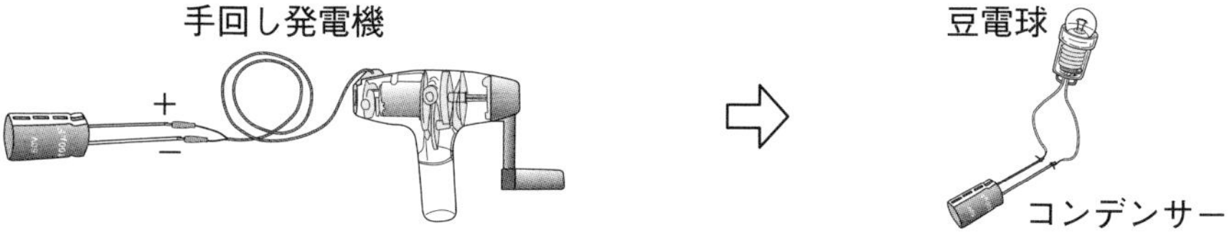


(1) ハンドルを回す回数を多くして、同様の実験をしました。豆電球が光る時間はどうなりますか。㋐～㋒から選びましょう。

（　　　　）

㋐ 長くなる　　㋑ 短くなる　　㋒ 変わらない

(2) 次にハンドルを回す方向を逆にしました。豆電球は光りますか。

（　　　　）

(3) 豆電球の代わりに、発光ダイオードを使いました。豆電球と発光ダイオードの光っている時間はどうなりますか。㋐～㋒から選びましょう。

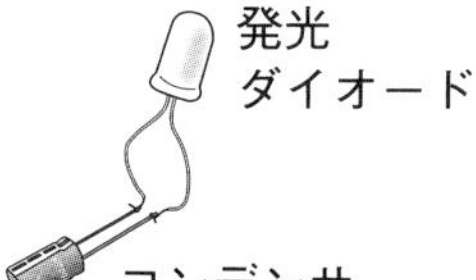


（　　　　）

㋐ 豆電球の方が長い時間光っている。

㋑ 発光ダイオードの方が長い時間光っている。

㋒ どちらもほぼ同じ時間光っている。

(4) この実験からコンデンサーにどんなはたらきがあるといえますか。

電気を（　　　　）

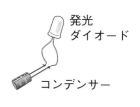

# 69 電流による発熱と電気の変かん①

◎　次の（　　）にあてはまる言葉を □ から選びかきましょう。

（各5点）

(1)　コイルに（①　　　　　）を流すと、

導線が（②　　　　　）なることがあり

ます。これは、電流に導線を

（③　　　　　）させるはたらきがある

からです。

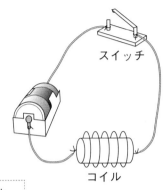

スイッチ

コイル

> 発熱　　熱く　　電流

(2)　太さのちがう（①　　　　　　）に電流を

流し、発ぽうスチロールが切れるまでの

時間を調べました。

　発ぽうスチロールが切れるまでの時間

は、太い電熱線を使ったときは

（②　　　　　）かかり、（③　　　　）電

熱線を使ったときでは約4秒かかりまし

た。このことから電熱線の（④　　　　　）

方が電流による（⑤　　　　　）が大きいこ

とがわかります。

発ぽう
スチロール

電熱線

| 電熱線の太さ | 切れるまでの時間 |
|---|---|
| 太い直径0.4mm | 約2秒 |
| 細い直径0.2mm | 約4秒 |

> 発熱　　太い　　細い　　約2秒　　電熱線

月　　日

点/40点

電気の利用について、次の（　　）にあてはまる言葉を
□□□から選びかきましょう。

（各10点）

電球や（① 　　　　　　　　　　）
は電気を光に変かんしています。

電気を光に変かん

電球

発光ダイオード

防犯ベルやスピーカーは電気を
磁石（じしゃく）の力にして（② 　　　　　）に
変かんしています。

電気を音に変かん

スピーカー

ベル

アイロンや電気ストーブは、電
気を（③ 　　　　　）に変かんしてい
ます。

電気を熱に変かん

アイロン

電気ストーブ

このようにわたしたちは
（④ 　　　　　）をいろいろなものに
変えて利用しています。

発光ダイオード　　熱　　音　　電気

# 71 電流による発熱と電気の変かん③

月　日

点/40点

図の装置(そうち)で、太さのちがう電熱線に電流を流し、同じ太さの発ぽうスチロールが切れるまでの時間を調べました。あとの問いに答えましょう。

（各10点）

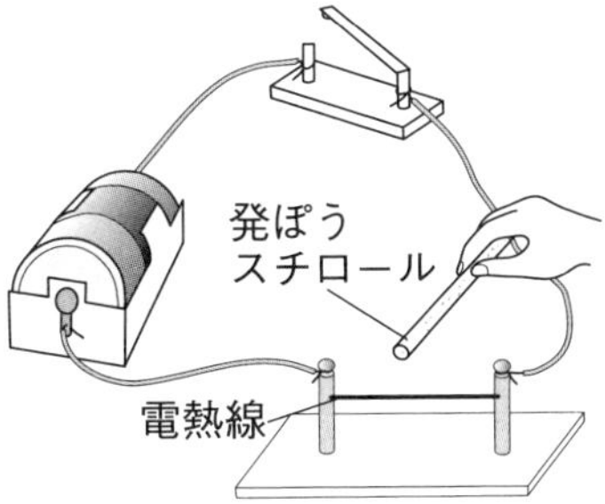


(1) この実験で、発ぽうスチロールの太さ以外に同じにしないといけないものは何ですか。㋐～㋔から２つ選びましょう。

（　　　）（　　　）

㋐ 電池の数　㋑ 電池の向き　㋒ 電熱線の長さ
㋓ スイッチの数　㋔ 実験をする温度

(2) 太さが0.4mmの電熱線と太さが0.2mmの電熱線を使ってこの実験を行いました。実験を行ったときの電流の大きさや、電熱線の長さはどれも同じでした。

① 発ぽうスチロールの棒(ぼう)が早く切れるのはどちらですか。

（　　　）

② 電熱線の発熱が大きかったのはどちらですか。

（　　　）

# 72 電流による発熱と電気の変かん④

月　日

点/40点

次の(　)にあてはまる言葉を［　］から選びかきましょう。

（各5点）

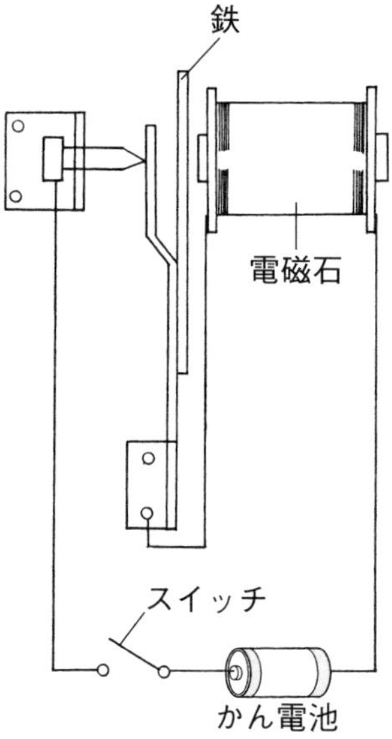


誕生日(たんじょうび)のプレゼントなどで、(①　　　)をもらうことがあります。これは電気を(②　　　)に変えるはたらきを利用したものです。家庭にある(③　　　)や、車の(④　　　)などもスピーカーを通して(⑤　　　)を音や声に変えているのです。

図のようなボタン（スイッチ）をおすと鳴る(⑥　　　)は、(⑦　　　)のはたらきで鉄のしん動板をつけたり、はなしたりして、(⑧　　　)を出します。

| | | | |
|---|---|---|---|
| 音　　音 | 電子オルゴール | インターホン | |
| クラクション | 電気 | 電磁石(でんじしゃく) | ブザー |

# 73 棒を使ったてこ①

◎　図は、てこのようすを表したものです。
あとの問いに答えましょう。

(各5点)

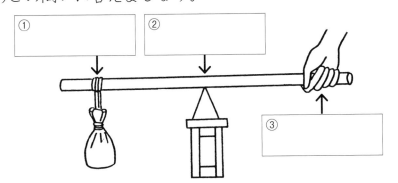

① [　　　　　　]　② [　　　　　　]

③ [　　　　　　]

(1)　支点・力点・作用点はそれぞれどこですか。図の□にかきましょう。

(2)　次の(　　)にあてはまる言葉を□から選びかきましょう。

支点とは、棒を(①　　　　　　)ところです。

(②　　　　　　)とは、棒に力を加えているところです。

作用点とは、ものに(③　　　　　　)ところです。

(④　　　　　)を使うと、より(⑤　　　　)力でもの動か
すことができます。

> てこ　　力をはたらかせている　　支えている
> 小さい　　力点

# 74 棒を使ったてこ②

月　日

点/40点

[1] 図1、図2は、てこの力点や作用点の位置を変えるようすを表したものです。それぞれ、手ごたえは小さくなりますか。大きくなりますか。(　　)にかきましょう。（各10点）

⑴ 図1力点を支点から遠ざけるほど手ごたえは（　　　　）なります。

図1
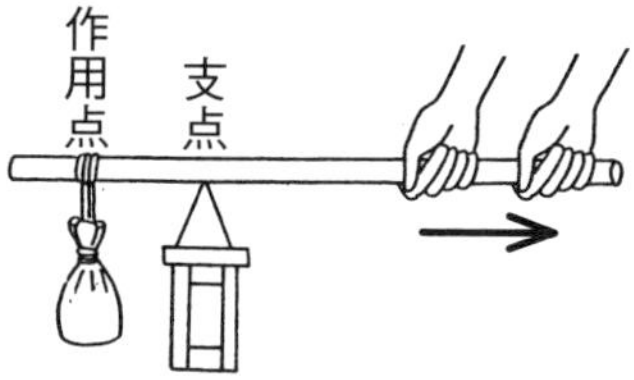


⑵ 図2作用点を支点に近づけるほど手ごたえは（　　　　）なります。

図2
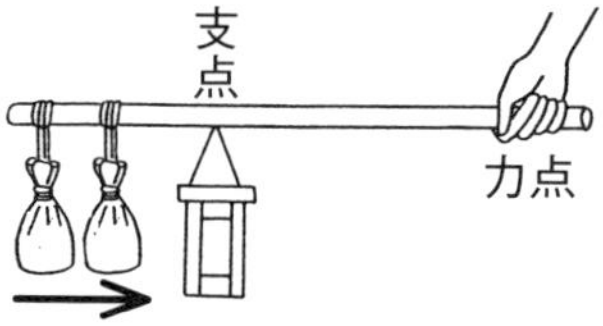


[2] 図3、図4のように、てこの力点や作用点の位置を変えて、手ごたえを調べました。次の問いに答えましょう。（各10点）

図3
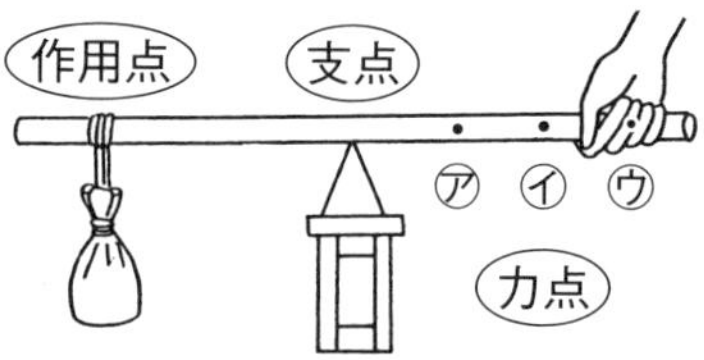


⑴ 手ごたえが一番小さくなるのは、㋐、㋑、㋒のどこを持ったときですか。（　　　）

図4
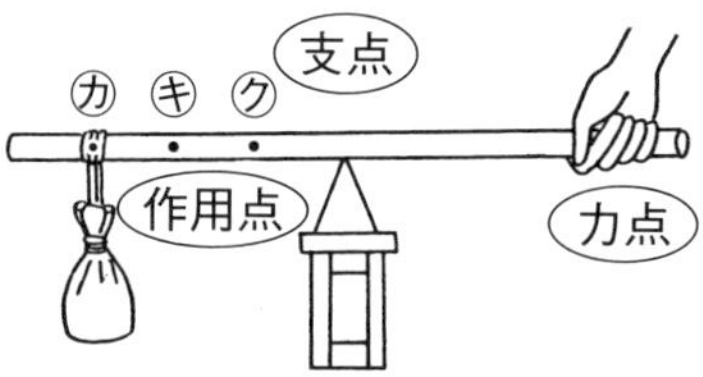


⑵ 手ごたえが一番小さくなるのは、㋕、㋖、㋗のどこにおもりをつるしたときですか。

（　　　）

❀　図のように、てこを使っておもりを持ち上げます。あとの問いに答えましょう。

(各8点)

(1)　図1のてこのはたらきで&#9398;、&#9399;の部分の名前をかきましょう。

&#9398;（　　　　　　）　&#9399;（　　　　　　）

(2)　図1でおもりの位置は変えずに、棒のはしを持ちました。手ごたえは大きくなりますか。小さくなりますか。

（　　　　　　　）

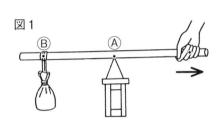

図1

(3)　図2でおもりや、持つ位置は変えずに、支点の位置をおもりに近づけました。手ごたえは大きくなりますか。小さくなりますか。

（　　　　　　　）

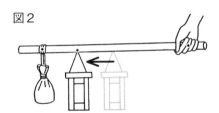

図2

(4)　図3でおもりや、持つ位置は変えずに支点の位置を手に近づけました。手ごたえは大きくなりますか。小さくなりますか。

（　　　　　　　）

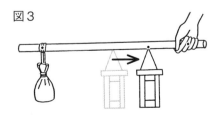

図3

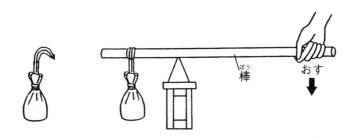

# 76 棒を使ったてこ④

点/40点

◎　図を見て、次の（　　　）にあてはまる言葉を⬜︎から選びかきましょう。

（各10点）

砂を入れたふくろがあります。

　直接、手で持ち上げるのと、上の図のようにして、
（①　　　　　　）を使って持ち上げるのと、手ごたえを比べてみました。

　すると、手で持ち上げるより、（①）を使って持ち上げたときの方が（②　　　　　）に上がりました。

　上の図のようにして、棒のある１点を（③　　　　　　）にしてシーソーのようにすると重いものを（②）に持ち上げることができます。このようなしくみのものを（④　　　　　）といいます。

```
棒　　楽　　支点　　てこ
```

# 77 てこのつり合い①

✿　次の図は、実験用てこを表したものです。次の（　　　）にあてはまる言葉や数字を　　　から選びかきましょう。　　　（各4点）

(1)　てこには、棒の中央に（① 　　　　　）があります。（② 　　　　　）をつるしていないとき、棒は水平になり、（③ 　　　　　）ます。

左のうで　　　　　右のうで
6 5 4 3 2 1 ● 1 2 3 4 5 6
支点

> おもり　　　つり合い　　　支点

(2)　てこは、左右のうでをかたむける力が（① 　　　　　）ときに（② 　　　　　）ます。このうでをかたむける力は、（③ 　　　　　）×支点からのきょりで表すことができます。

> つり合い　　　おもりの重さ　　　等しい

(3)　右図のように、てこの左のうでの（① 　　　　　）が2のところに（② 　　　　　）のおもりをつるしました。このときの左のうでをかたむける力は、（③ 　　　　）×（④ 　　　　）の式で表すことができます。

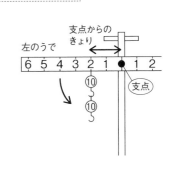

支点からのきょり
左のうで
6 5 4 3 2 1 ● 1 2
⑩
⑩
支点

> 支点からのきょり　　　2　　　20　　　20g

月　日

点/40点

🌸　図のように、てこにおもりをつるしました。あとの問いに答えましょう。

(各8点)

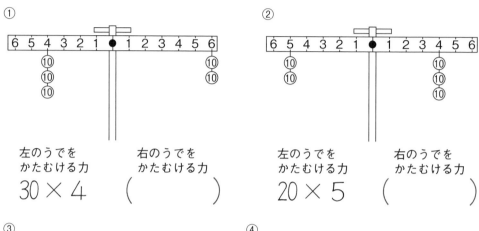

① 左のうでをかたむける力　30 × 4
　右のうでをかたむける力　（　　　　　）

② 左のうでをかたむける力　20 × 5
　右のうでをかたむける力　（　　　　　）

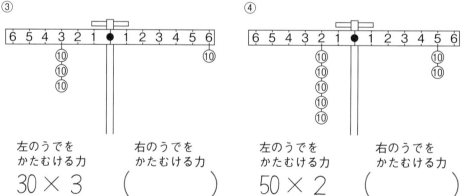

③ 左のうでをかたむける力　30 × 3
　右のうでをかたむける力　（　　　　　）

④ 左のうでをかたむける力　50 × 2
　右のうでをかたむける力　（　　　　　）

(1)　それぞれの右のうでをかたむける力を、（　　）に式で表しましょう。

(2)　①〜④のてこから、つり合っているものをすべて選びましょう。ただし、図では、実際にはつり合っていないものも、うでを水平に表しています。

（　　　　　　）

# 79 てこのつり合い③

月　　日

点/40点

図のてこはつり合っています。(　　)に重さやきょりをかきましょう。

(各5点)

①

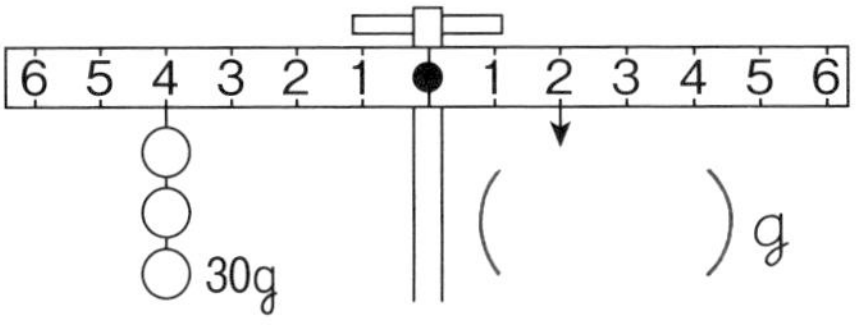
6 5 4 3 2 1 1 2 3 4 5 6
30g
(　　)g

②

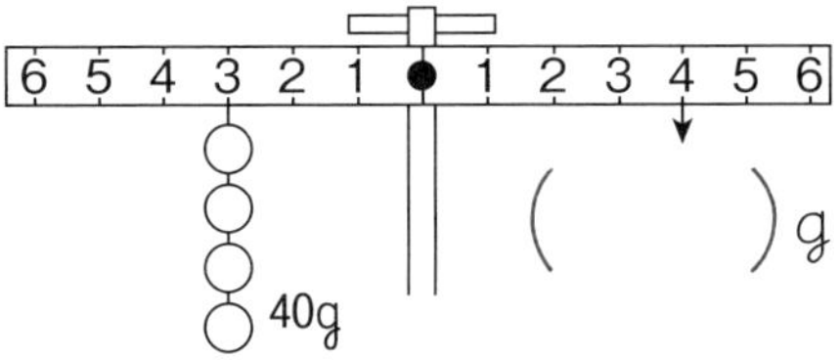
6 5 4 3 2 1 1 2 3 4 5 6
40g
(　　)g

③

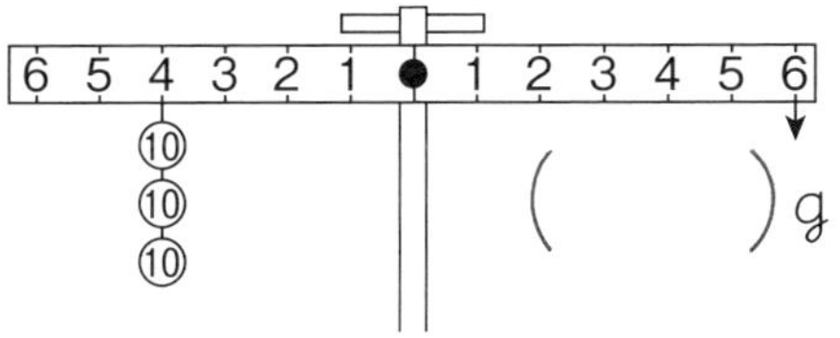
6 5 4 3 2 1 1 2 3 4 5 6
10
10
10
(　　)g

④

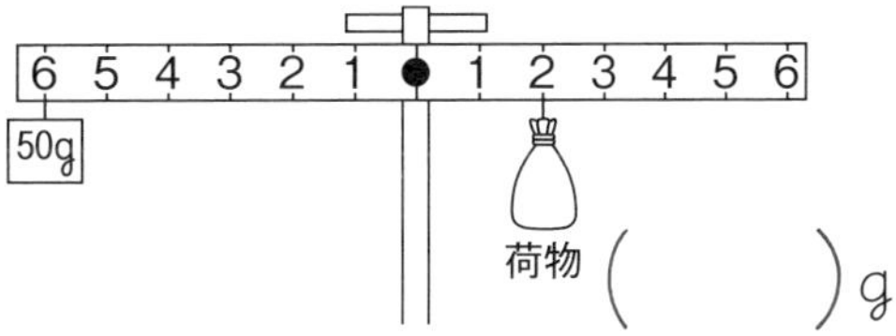
6 5 4 3 2 1 1 2 3 4 5 6
50g
荷物
(　　)g

⑤

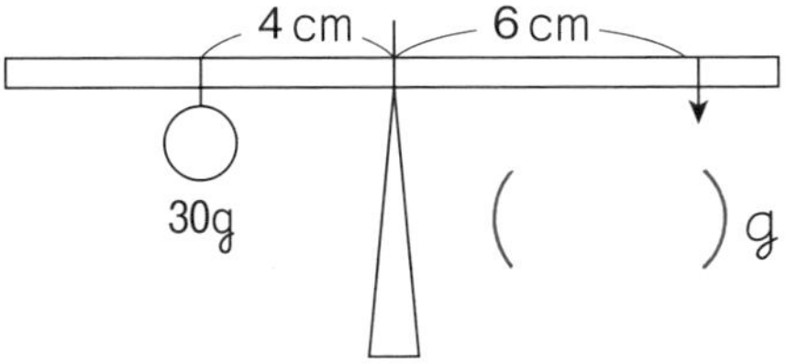
4cm
6cm
30g
(　　)g

⑥

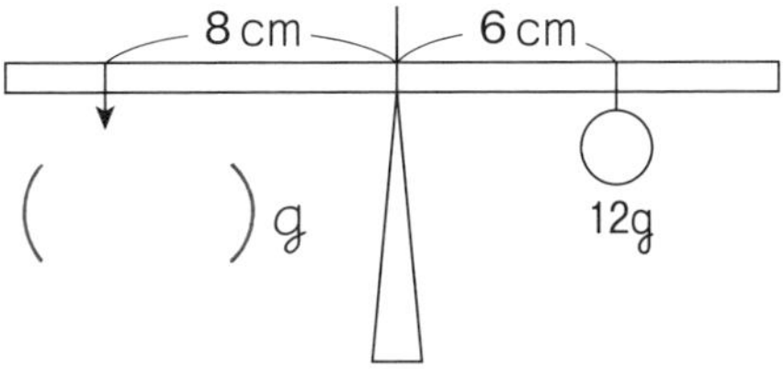
8cm
6cm
(　　)g
12g

⑦

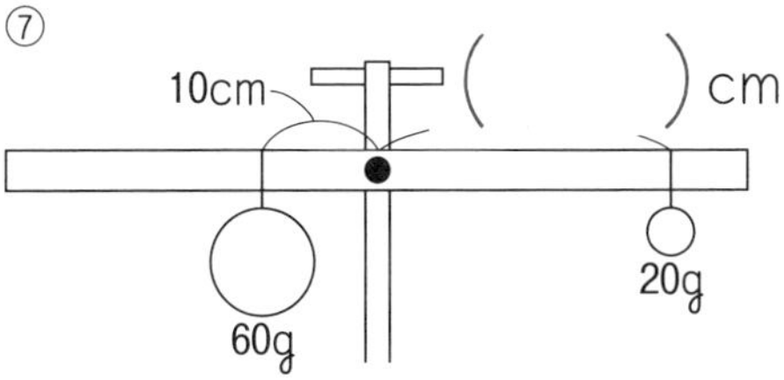
10cm
(　　)cm
60g
20g

⑧

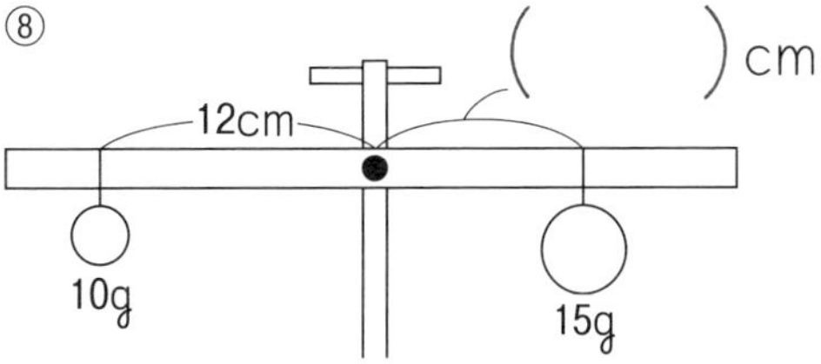
12cm
(　　)cm
10g
15g

🌸　図のようなさおばかりをつくりました。あとの問いに答えましょう。

(各10点)

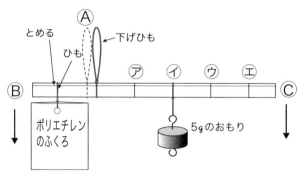

(1)　まず最初に、ふくろの中に別に用意した5gのおもりを入れて、右のうでに5gのおもりをつり下げ、つり合う位置を見つけました。㋐〜㋒のどこですか。

（　　　　　　）

(2)　次にふくろに10gのおもりを入れました。右のうでに㋐〜㋒のどこに5gのおもりをつり下げればつり合いますか。

（　　　　　　）

(3)　次に、㋐に10gのおもりをつり下げるとつり合いました。ふくろの中には何gのおもりが入っていますか。

（　　　　　　）

(4)　つり合っている状態から、下げるひもが㋐の方に動いてしまいました。てんびんは、Ⓑ、Ⓒ、どちらへかたむきますか。

（　　　　　　）

# 81 ★ てこを利用した道具①

❀　身の周りの道具について、次の（　　）にあてはまる言葉
を □ から選びかきましょう。
（各5点）

(1)　わたしたちが使っている道具に
は、くぎぬきや（① 　　　　　）の
ように（② 　　　　　）力を使って、
（③ 　　　　　）力を得られるよう
に、（④ 　　　　　）のはたらきを
利用しているものがあります。

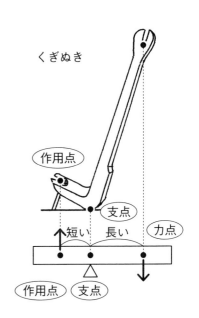

くぎぬき

作用点　支点　力点
短い　長い
作用点　支点

```
┌─────────────────────────┐
│  小さい　　大きい        │
│  てこ　　　ペンチ        │
└─────────────────────────┘
```

(2)　くぎぬきのような（① 　　　　　）が中にある道具では
（② 　　　　　）と支点のきょりを長く、作用点と支点のきょりを
（③ 　　　　　）することで、より（④ 　　　　　）で作業するこ
とができます。

```
┌──────────────────────────────────────┐
│  力点　　支点　　短く　　小さな力      │
└──────────────────────────────────────┘
```

# 82 てこを利用した道具②

月　日

点/40点

[1]　次の(　　)にあてはまる言葉を[　　]から選びかきましょう。

(各４点)

せんぬきのように(①　　　　)が中にある道具も、作用点と支点のきょりを(②　　　)、(③　　　)と支点のきょりを長くすることで、より(④　　　　)で作業することができます。

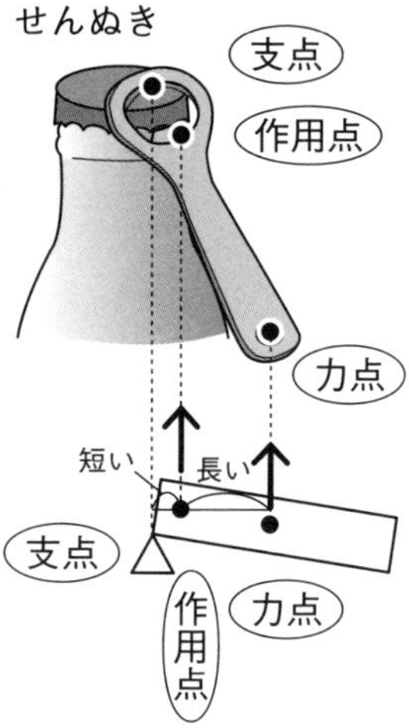


| 作用点 | 力点 | 短く | 小さな力 |
|---|---|---|---|

[2]　[　　]に、支点、力点、作用点をかきましょう。　(各４点)

①　ペンチ

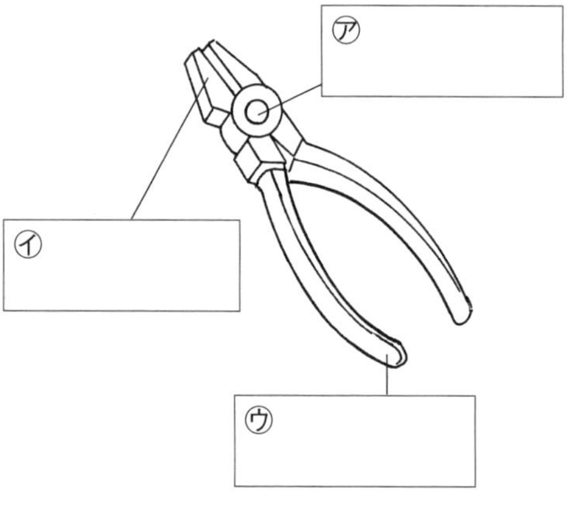


②　ピンセット

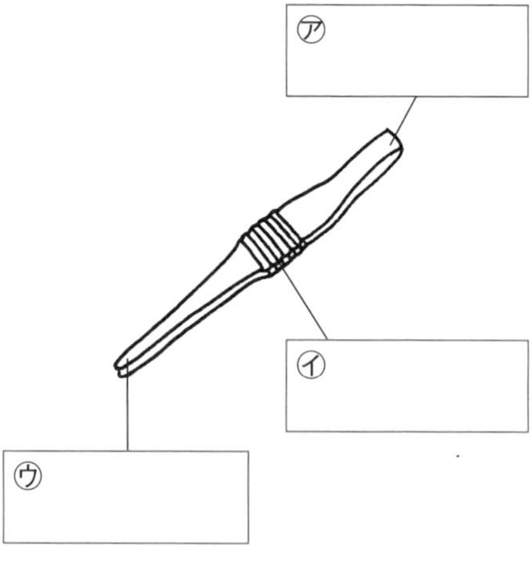

# 83 けんび鏡の使い方

月　日

点/40点

次の(　　)にあてはまる言葉を□から選びかきましょう。

（各5点）

(1) けんび鏡は直接(①　　　　)のあたらないところに置きます。

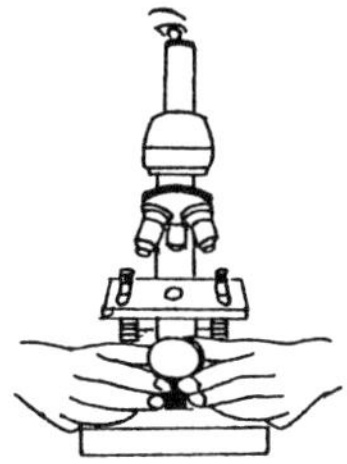

(2) はじめは一番(②　　　　)倍率（ばいりつ）にして、(③　　　　)をのぞきながら、(④　　　　)の向きを合わせて、明るく見えるようにします。

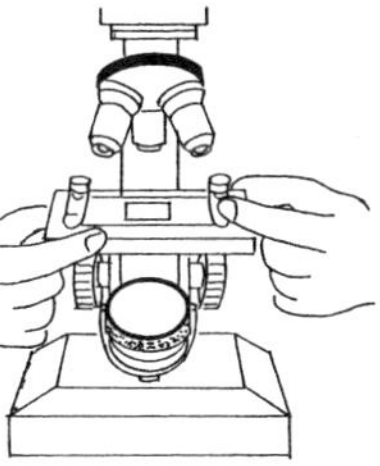

(3) プレパラートを(⑤　　　　)の上にのせ、見たいものが、あなの中央にくるようにします。

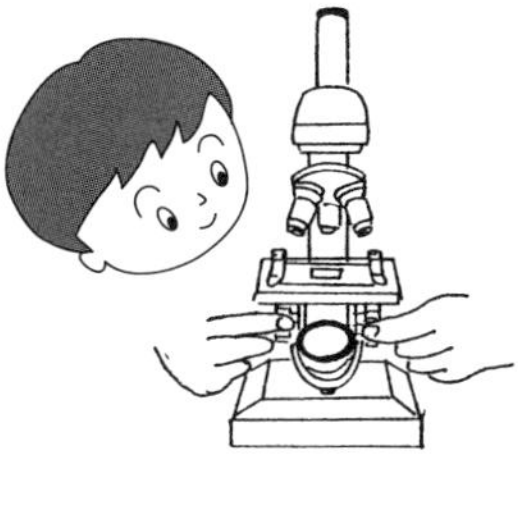

(4) 横から見ながら(⑥　　　　)を少しずつ回し(⑦　　　　)とプレパラートの間を(⑧　　　　)します。

(5) (③)をのぞきながら(⑥)を回し、ピントを合わせます。

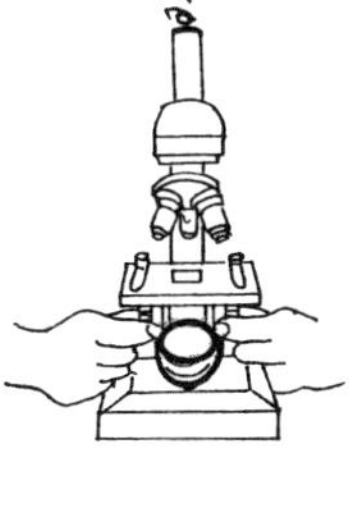

| | | | |
|---|---|---|---|
| 調節ねじ | 対物レンズ | 接眼レンズ | |
| 反射鏡（はんしゃきょう） | のせ台 | 日光 | 低い |
| せまく | | | |

# 84 ガスバーナーの使い方

🌸　ガスバーナーの使い方について、次の(　　)にあてはまる言葉を □ から選びかきましょう。 (各5点)

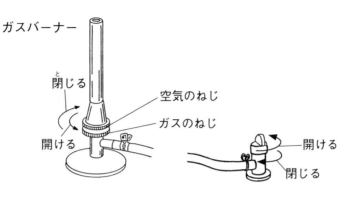

ガスバーナー

閉じる
開ける
空気のねじ
ガスのねじ
開ける
閉じる

(1)　まず、(① 　　　　　　)を開けます。次に(② 　　　　　　)のねじを開けて火をつけます。火がついたら、(③ 　　　　　)のねじを開けて、(④ 　　　　　)の色が(⑤ 　　　　　)なるように調整します。

> ガス　　元せん　　空気　　青白く　　ほのお

(2)　火の消し方は、まず(① 　　　　　　)のねじを閉じます。そして(② 　　　　　)のねじを閉じて、最後に(③ 　　　　　)をしっかり閉じます。

> ガス　　元せん　　空気

# こたえ

## 1 ものが燃えるとき①

(1) ① かわらない ② 消えます
(2) ① かわる ② 燃え続けます
③ 空気

## 2 ものが燃えるとき②

(1) ① ちっ素 ② 酸素
③ 二酸化炭素
(2) ① 酸素 ② 二酸化炭素

## 3 ものが燃えるとき③

(1) ① 気体検知管 ② 空気中
③ 二酸化炭素 ④ 割合
(2) ① 両はし
② チップホルダー
③ 気体採取器 ④ 変わった

## 4 ものが燃えるとき④

(1) ① 大きさ ② 本数
③ 条件
(2) ① 高く ② 下
③ 燃えたあと ④ 上
⑤ ㋒

## 5 酸素と二酸化炭素のはたらき①

(1) ① 激しく ② 石灰水
③ 白く ④ 二酸化炭素
(2) ① 酸素 ② 燃やす
③ 線こう ④ 二酸化炭素

## 6 酸素と二酸化炭素のはたらき②

① 消え ② 二酸化炭素
③ ありません ④ 低い
⑤ 重い

## 7 酸素と二酸化炭素のはたらき③

(1) ㋐ 酸素 ㋑ 空気
㋒ 二酸化炭素
(2) 白くにごる
(3) 二酸化炭素

## 8 酸素と二酸化炭素のはたらき④

(1) 変わらない
(2) 減った
(3) 増えた
(4) 減った
(5) 炭素と酸素がついてできた

## 9 呼吸のはたらき①

(1) ① 鼻　② 気管
③ 酸素　④ 血液
⑤ 二酸化炭素

(2) ① えら　② 酸素
③ 二酸化炭素

## 10 呼吸のはたらき②

(1) 酸素
(2) 約４％
(3) 増えた
(4) ふくまれている

## 11 呼吸のはたらき③

(1) 石灰水
(2) Ⓐ
(3) 二酸化炭素
(4) 体の中

## 12 呼吸のはたらき④

(1) ① 鼻　② 気管
③ 肺　④ 肺ほう
⑤ 酸素

(2) ① 二酸化炭素　② 肺
③ 口

## 13 食べ物の消化と吸収①

(1)

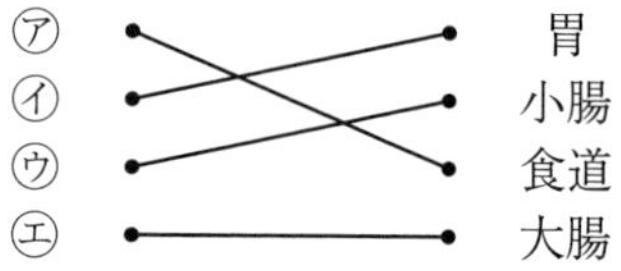


(2) ① 食道　② 胃
③ 小腸　④ 大腸

## 14 食べ物の消化と吸収②

① 歯　② だ液
③ 食道　④ 胃
⑤ かん臓　⑥ 小腸
⑦ 養分　⑧ 水分

（⑦，⑧は順不同）

## 15 食べ物の消化と吸収③

(1) ヨウ素液
(2) ㋐ 変わりません
㋑ 変わります
(3) でんぷん

## 16 食べ物の消化と吸収④

○のもの ①，④，⑥，⑧
×のもの ②，③，⑤，⑦

## 17 心臓と血液のはたらき①

(1) ① 血管 ② 心臓

(2) ① 養分 ② 二酸化炭素

③ 不要なもの （②，③は順不同）

## 18 心臓と血液のはたらき②

(1) ① のびたり ② ポンプ

(2) ① ちょうしん器 ② はく動

③ 脈はく

## 19 心臓と血液のはたらき③

(1) ㋑

(2) 養分

(3) 不要なもの

(4) 二酸化炭素

## 20 心臓と血液のはたらき④

① こぶし ② 脈はく

③ ４つ ④ 養分

⑤ 全身 ⑥ ポンプ

⑦ 肺 ⑧ 肺

## 21 植物と水や空気①

① 水 ② 根

③ 水の通り道 ④ 体全体

## 22 植物と水や空気②

(1) ① 水てき

② あまりくもりません

(2) ① 気こう ② 水蒸気

③ 蒸散

## 23 植物と水や空気③

(1) ① 息 ② 気体検知管

(2) ① 日光 ② 20

③ 1

## 24 植物と水や空気④

○がつくもの ①，③

×がつくもの ②，④

## 25 植物と養分①

① 湯 ② プラスチック板

③ 木づち ④ ヨウ素液

⑤ 青むらさき

## 26 植物と養分②

(1) うすく

(2) ヨウ素液

(3) 青むらさき

(4) ㋐

## 27 植物と養分③

(1) ㋑ 変わります　㋒ 変わりません

(2) ㋐

(3) ㋑

## 28 植物と養分④

① 上　② 日光

③ 時期　④ くき

⑤ つる

## 29 水よう液の仲間分け①

① アルカリ　② 赤く

③ 青く　④ 中性

⑤ BTB液

## 30 水よう液の仲間分け②

(1) ① Ⓐ　② Ⓑ

(2) ㋐ アルカリ性　㋑ 中性

㋒ 酸性

## 31 水よう液の仲間分け③

[1] ① リトマス　② BTB

③ ムラサキキャベツ

④ アサガオ

[2] ○がつくもの　①，②

×がつくもの　③，④

## 32 水よう液の仲間分け④

[1] ① すっぱく　② しげき的な

③ しょっぱく　④ あまい

[2] ○がつくもの　③，⑤

△がつくもの　⑥

×がつくもの　①，②，④

## 33 水よう液と金属①

① あわを出してとける

② あわを出してとける

③ とけない

④ とけない

## 34 水よう液と金属②

(1) ① あわ　② とけて

③ あたたかく

(2) ① 蒸発皿　② 加熱

③ 黄色い

(3) ① 引きつけられません

② 鉄

## 35 水よう液と金属③

① うすい塩酸　② 蒸発

③ 黄色い　④ 通りません

⑤ もとの金属

## 36 水よう液と金属④

(1) ① ピペット ② はなし

(2) ① 試験管 ② おして

③ 入らない

## 37 水よう液にとけているもの①

(1) ① 気体 ② 無色とう明

③ 何も残りません

(2) ① 無色とう明 ② 食塩

## 38 水よう液にとけているもの②

(1) ① 気体 ② 白くにごり

③ 二酸化炭素

(2) ① 二酸化炭素 ② へこみ

## 39 水よう液にとけているもの③

① 食塩水 ② 二酸化炭素

③ 気体 ④ 何も残らない

⑤ 白いつぶが残る

## 40 水よう液にとけているもの④

㋐ 食塩水 ㋑ 石灰水

㋒ うすい塩酸 ㋓ 炭酸水

## 41 月と太陽①

(1) ① 大きく ② 強い光

③ 地球 ④ 暖かさ

(2) ① 表面 ② 6000℃

③ 低い ④ 黒点

## 42 月と太陽②

(1) ① 太陽の光 ② 岩石

③ 砂 ④ 空気

⑤ クレーター (②，③は順不同)

(2) ① 1/4 ② 130℃

③ れい下170℃

## 43 月の形と見え方①

(1) ① 球形 ② 太陽の光

③ かげ

(2) ① 太陽 ② 地球

③ 三日月 ④ 満月

⑤ 東

## 44 月の形と見え方②

(1) Ⓐ ㋒ Ⓑ ㋐

Ⓒ ㋑

(2) ① 見えません ② 新月

## 45 月の形と見え方③

(1) ㋐

(2) 夕方

(3) ②

(4) Ⓑ

## 46 月の形と見え方④

(1) ① 東　　　② 西

(2) ㋐

(3) ㋒

(4) Ⓑ

## 47 地層と大地のつくり①

(1) ① ねん土　　② 砂
　　③ 大きさ　　④ 地層

(2) ① 流れる水　② 丸みのある
　　③ 火山　　　④ 角ばった

## 48 地層と大地のつくり②

(1) ① 小石　　　② 砂
　　③ ねん土　　④ 大きい
　　⑤ しずむ

(2) ① 流れる水　② 運ばれた
　　③ 海

## 49 地層と大地のつくり③

(1) ㋑

(2) 火山灰の層

(3) 火山の近く

(4) ㋑

## 50 地層と大地のつくり④

(1) ㋐ れき岩　　㋑ でい岩

(2) 丸みがある

(3) 化石

(4) ㋐

## 51 大地の変化①

(1) ① よう岩　　② 火山灰

(2) ① 火山灰　　② 田畑
　　③ 災害

(3) ① よう岩　　② 湖
　　③ 山

## 52 大地の変化②

(1) ① 断層　　　② がけ
　　③ 地割れ

　　　　　　　　（①，③は順不同）

(2) ① 土砂くずれ　② 災害

## 53 大地の変化③

○がつくもの ①，②，③，⑥，⑦，⑧
×がつくもの ④，⑤

## 54 大地の変化④

火山活動によるもの ㋑ ㋒ ㋔
地しんによるもの ㋐ ㋓

## 55 生物と食べ物のつながり①

(1) ① 食べ物 ② 牧草
③ 植物
(2) ① 養分 ② 太陽

## 56 生物と食べ物のつながり②

(1) ① バッタ ② タカ
(2) ① 養分 ② 植物
③ 肉食動物
(3) ① 草 ② 鳥
③ 食物連さ

## 57 生物と食べ物のつながり③

(1) ① 小鳥 ② 花
③ ヘビ ④ タカ
⑤ 食物連さ
(2) ① 植物 ② 少なく
③ ピラミッド

## 58 生物と食べ物のつながり④

① ふん ② 小さな生物
③ 養分 ④ 植物
⑤ 動物

## 59 生物と水や空気などのかん境①

(1) ① 酸素 ② 二酸化炭素
③ 呼吸
(2) ① 二酸化炭素 ② 酸素
③ 光合成
(3) ① 酸素 ② 二酸化炭素
③ 酸素 ④ 植物

## 60 生物と水や空気などのかん境②

(1) ① 水 ② 水蒸気
③ 口 ④ 食物
⑤ 70
(2) ① さいばい ② とけこんだり
③ 下水処理場

## 61 生物と水や空気などのかん境③

① 毛布 ② 水
③ 動物 ④ 植物
⑤ 10km ⑥ 水蒸気
⑦ 雲 ⑧ 生物
（③，④は順不同）

## 62 生物と水や空気などのかん境④

○がつくもの　②，⑥，⑦，⑧，⑨
×がつくもの　①，③，④，⑤，⑩

## 63 人とかん境①

(1) ①　太陽　②　大気
③　水　④　生物
⑤　地球　⑥　自然
(2) ①　砂ばく化　②　温暖化
③　酸性雨　④　オゾン層の破かい

## 64 人とかん境②

(1) ①　ちっ素酸化物
②　イオウ酸化物
③　酸性　④　植物
（①，②は順不同）
(2) ①　エアコン　②　フロン
③　オゾン　④　光線

## 65 電気をつくる・ためる①

(1) ①　豆電球　②　回転
③　手回し発電機
(2) ①　手回し発電機　②　電気
③　点灯　④　同じ
⑤　発電

## 66 電気をつくる・ためる②

①　[カ]　②　[キ]
③　[ア]　④　[イ]
⑤　[ウ]　⑥　[オ]
⑦　[エ]　⑧　[ク]
（④，⑤は順不同）

## 67 電気をつくる・ためる③

①　光電池　②　光
③　回り　④　電気
⑤　量　⑥　少なく
⑦　ゆっくり　⑧　強い
⑨　くもり　⑩　晴れ

## 68 電気をつくる・ためる④

(1) [ア]
(2) 光る
(3) [イ]
(4) ためる（たくわえる）

## 69 電流による発熱と電気の変かん①

(1) ①　電流　②　熱く
③　発熱
(2) ①　電熱線　②　約２秒
③　細い　④　太い
⑤　発熱

## 70 電流による発熱と電気の変かん②

① 発光ダイオード　② 音
③ 熱　④ 電気

## 71 電流による発熱と電気の変かん③

(1) ㋐, ㋒
(2) ① 0.4mmの電熱線
② 0.4mmの電熱線

## 72 電流による発熱と電気の変かん④

① 電子オルゴール　② 音
③ インターホン　④ クラクション
⑤ 電気　⑥ ブザー
⑦ 電磁石　⑧ 音

## 73 棒を使ったてこ①

(1) ① 作用点　② 支点
③ 力点
(2) ① 支えている　② 力点
③ 力をはたらかせている
④ てこ　⑤ 小さい

## 74 棒を使ったてこ②

[1] (1) 小さく
(2) 小さく
[2] (1) ㋒
(2) ㋗

## 75 棒を使ったてこ③

(1) Ⓐ 支点　Ⓑ 作用点
(2) 小さくなる
(3) 小さくなる
(4) 大きくなる

## 76 棒を使ったてこ④

① 棒　② 楽
③ 支点　④ てこ

## 77 てこのつり合い①

(1) ① 支点　② おもり
③ つり合い
(2) ① 等しい　② つり合い
③ おもりの重さ
(3) ① 支点からのきょり　② 20g
③ 20　④ 2
（③, ④は順不同）

## 78 てこのつり合い②

(1) ① 20×6　② 30×4
③ 10×6　④ 20×5
(2) ①, ④

## 79 てこのつり合い③

① 60　② 30
③ 20　④ 150
⑤ 20　⑥ 9
⑦ 30　⑧ 8

## 80 てこのつり合い④

(1) ㋐
(2) ㋑
(3) 10g
(4) Ⓒ

## 81 てこを利用した道具①

(1) ① ペンチ　② 小さい
③ 大きい　④ てこ
(2) ① 支点　② 力点
③ 短く　④ 小さな力

## 82 てこを利用した道具②

[1] ① 作用点　② 短く
③ 力点　④ 小さな力
[2] ① ㋐ 支点
㋑ 作用点
㋒ 力点
② ㋐ 支点
㋑ 力点
㋒ 作用点

## 83 けんび鏡の使い方

① 日光　② 低い
③ 接眼レンズ　④ 反射鏡
⑤ のせ台　⑥ 調節ねじ
⑦ 対物レンズ　⑧ せまく

## 84 ガスバーナーの使い方

(1) ① 元せん　② ガス
③ 空気　④ ほのお
⑤ 青白く
(2) ① 空気　② ガス
③ 元せん